国际精神分析协会《当代弗洛伊德：转折点与重要议题》系列

论弗洛伊德的
《群体心理学与自我分析》

On Freud's "Group Psychology and the Analysis of the Ego"

（美）埃塞尔·S.珀森（Ethel S. Person） 著

尹肖雯 译

全国百佳图书出版单位

化学工业出版社

·北京·

On Freud's "Group Psychology and the Analysis of the Ego" by Ethel Spector Person

ISBN 0-88163-325-9

© The International Psychoanalytical Association 2001

This edition published by KARNAC BOOKS LTD Publishers, represented by Cathy Miller Foreign Rights Agency, London, England.

Chinese language edition © Chemical Industry Press 2018

本书中文简体字版由 Karnac Books Ltd. 授权化学工业出版社独家出版发行。

未经许可，不得以任何方式复制或抄袭本书的任何部分，违者必究。

北京市版权局著作权合同登记号：01-2017-5842

图书在版编目（CIP）数据

论弗洛伊德的《群体心理学与自我分析》/（美）埃塞尔·S. 珀森（Ethel S. Person）著；尹肖雯译 .—北京：化学工业出版社，2018.11（2025.7重印）

（国际精神分析协会《当代弗洛伊德：转折点与重要议题》系列）

书名原文：On Freud's "Group Psychology and the Analysis of the Ego"

ISBN 978-7-122-32872-4

Ⅰ.①论…　Ⅱ.①埃…②尹…　Ⅲ.①弗洛伊德（Freud，Sigmmund 1856-1939)-群体心理学-研究　Ⅳ.①B84-065

中国版本图书馆 CIP 数据核字（2018）第 193913 号

责任编辑：赵玉欣　王新辉　　　　　装帧设计：关　飞
责任校对：边　涛

出版发行：化学工业出版社（北京市东城区青年湖南街 13 号　邮政编码 100011）
印　　装：北京建宏印刷有限公司
710mm×1000mm　1/16　印张 11¾　字数 172 千字　2025 年 7 月北京第 1 版第 4 次印刷

购书咨询：010-64518888　售后服务：010-64518899
网　　址：http://www.cip.com.cn
凡购买本书，如有缺损质量问题，本社销售中心负责调换。

定　　价：59.80 元　　　　　　　　　　　　　版权所有　违者必究

中文版推荐序

PREFACE

这套书的出版是一个了不起的创意。发起者是精神分析领域里领袖级的人物,参与写作者是建树不凡的专家。在探索人类精神世界的旅途上,这些人一起做这样一件事情本身,就是一个奇迹。

每本书都按照一个格式:先是弗洛伊德的一篇论文,然后各领域的专家发表自己的看法。弗洛伊德的论文都是近百年前写的,在这个期间,伴随科学技术的日新月异,人类对自己的探索也取得了卓越成就,这些成就,体现在一篇篇对弗洛伊德的继承、批判和补充的论文中。

如果细读这些新的论文,就会发现两个特点:一是它们都没有超越弗洛伊德论文的大体框架,谈自恋的仍然在谈自恋,谈创造性的仍然在谈创造性;二是新论文都在试图发掘弗洛伊德的理论在新时代的新应用。这两个特点,都反映了弗洛伊德的某种不可超越性。

紧接着就有一个问题,弗洛伊德的不可超越性究竟是什么。当然不可超越有点绝对了,理论上并不成立,所以我们把这个问题改为,弗洛伊德难以超越的究竟是什么。答案也许有很多种,我的回答是:弗洛伊德的无与伦比的直觉。

大致说来,探索人的内心世界有三个工具。第一个工具是使用先进的科学仪器,了解大脑的结构和生化反应过程。在这个方向,最近几年形成了一门新型的学科，即神经精神分析。弗洛伊德曾经走过这个方向，他研究过鱼类的神经系统，但那时总体科技水平太低下，不足以用以研究复杂如大脑的对象。

第二个工具是统计学，即通过实证研究的大数据，获得关于人的心理规律的结论。各种心理测量的正常值范围，就是这样得出的。目前绝大部分心理学学术期刊的绝大部分论文，都是这个方向的研究成果展示。同样的，在弗洛伊德时代，这个工具还不完备。

第三个工具，也是最古老的工具，即人的直觉。直觉无关科技水平的高低，而关乎个人天赋。斯宾诺莎说，直觉是最高的知识，从探索的角度说，它也是最好的工具。弗洛伊德的直觉，有惊天地泣鬼神的魔力；他凭借直觉得出的那些结论，一次次冲击着人类传统的对人性的看法。

我尝试用弗洛伊德创建的理论，解释直觉到底是什么。直觉或许是力比多和攻击性极少压抑的状态，它们几无耗损地向被探索的客体投注；从关系角度来说，直觉的使用者既能跟被探索者融为一体，又能抽离而构建出旁观者的"清楚"；直觉还可能是一种全无自恋的状态，它把被探索者全息地呈现在眼前，不对其加以任何自恋性的修正，或者换句话说，直觉"允许"其探索的对象保持其真实面孔。这些特征一出来，我们就知道要保持敏锐而精确的直觉是多么不容易。

精神分析建立在弗洛伊德靠直觉得出的一些对人性的看法基础上。让人觉得吊诡的是，很多人在使用精神分析时，却是反直觉的。他们从理论到理论，从一个局部到另外一个局部，这显然是在防御使用直觉之后可能产生的焦虑：自身压抑的情感被唤起的焦虑，以及面对病人整体（直觉探索的对象是呈整体性的）而可能出现的失控的焦虑（整体过于巨大难以控制）。在纯粹使用分析方法的治疗师眼里，病人只是一堆零散的功能"器官"。所以，我经常对我的学生强调两点：一是在你分析之前、分析之后甚至分析之中，都别忘了使用你的直觉，来整体地理解病人的内心；二是把"人之常情"作为你做出一切判断的最高标准。后者其实也是在说直觉，因为何为"人之常情"，也是使用直觉后才得出的结论。

　　本丛书的编撰者精心挑选了弗洛伊德的五篇论文。 这些论文所论述的问题，对我们身处的新时代应该也有重要意义。 弗洛伊德曾经说，自从精神分析诞生之后，父母打孩子就不再有任何道理。 在《一个被打的小孩》一文中，详尽描述了被打孩子的内心变化，相信任何读过并理解了弗洛伊德的观点的人，会放下自己举起的手。 遗憾的是，在我们的文化土壤上，在精神分析诞生了 118 年（以《释梦》出版为标志）后的今天，仍然有人把"棍棒底下出孝子"视为育儿圭臬。

　　《创造性作家与白日梦》论述了创造性。目前的大背景是，中国制造正在转型为中国创造，这俨然已是国家战略最重要的一部分。 但是，与此相关的很多方面都没有跟上来。 弗洛伊德，以及该论文的评论者会告诉我们，我们实现国家梦想需要在何处着力。

　　在《群体心理学与自我分析》中，弗洛伊德论述了群体中的个体智力下降、情绪处于支配地位、容易见诸行动等"原始部落"特征，明眼人一看就知道，对这些特征的警惕，事关社会基本安全。

　　《论自恋》把我们带到了一个人类心灵的新的开阔地，后继者们在这片土地上建树颇丰。 病理性自恋向外投射，便形成了千奇百怪的人际关系和社会现象。 理解它们，有利于建构更加适宜子孙后代居住的精神家园。

　　《移情之爱的观察》讲述了一个常见的临床问题，但又不仅仅是一个临床问题。 它相当靠近终极问题，即一个人如何觉察和摆脱过去的限定，更充分地以此身此口此意活在此时此地。

　　在本书众多的作者中，我看到了一个熟悉的名字：哈罗德·布卢姆（Harold Blum）教授。 他 1997 年到武汉旅游，参观了中德心理医院，到我家做客，我还安排了一个医生陪他去宜昌看三峡大坝。 一直到 9·11 事件前后，我们都偶有电子邮件联系，再后来就"相忘江湖"了。 专业人员不是相遇在现实，就是相遇在书中，这是交流正在发生的好现象，毕竟，真正的创造，只会发生在不同大脑的碰撞之中。

　　希望中国的精神科医生都读读这本书。 我从不反对药物治疗，但我反对随意使用药物。 医生们读了本书就会知道，理解病人所带来的美感，比使用药物所获得的控制感，更人性也更有疗愈价值，当然也更符合医患双方的利益。 一个美好的社会不是建立在化学对大脑的改变上，而是建立在"因为懂得所以慈悲"的基础上。

稍改动一位智者的话作为结尾：症状不是一个待解决的问题，而是一个正在展开的谜。

曾奇峰

2018 年 5 月 31 日于洛阳

前 言

FOREWORD

为了促进精神分析学派不同分支间的思想交流，由国际精神分析协会理事长罗伯特·沃勒斯坦（Robert Wallerstein）提议，国际精神分析协会（IPA）出版了《当代弗洛伊德：转折点与重要议题》系列。虽然精神分析理论万法同宗，但不同地区，甚至同一地区精神分析理念的侧重点多少存在差异。这套丛书之所以问世，就是为了向广大学习者介绍那些独特的、具有代表性的思想，并探索不同思想之间的异同。在这套书中，我们邀请数位风格迥异的精神分析师共同探讨弗洛伊德的某篇论著，并将各方观点整理成书。

本系列的每个分册都以弗洛伊德一篇经典论著开篇。本书开篇就是图书编辑约翰·克尔（John Kerr）先生摘录自弗洛伊德《群体心理学》（即《群体心理学与自我分析》）的一段文字。其后是受邀的诸位优秀精神分析师、精神分析学教授和理论学家针对开篇文字的评论文稿。此外，我们建议，受邀的各位作者对弗洛伊德著作的讨论不要太形而上，最好是和广大学习者目前最感兴趣和关心的话题相结合。

其实，关于弗洛伊德论著的选择，我们斟酌再三，甚至反复修改。我们曾经用了几年的时间走访了世界各地 IPA 出版和咨询委员会的诸多成员，希望他们对于该丛书主题提出自己的看法。然而，由于咨询委员会成员太多，在过去的几年里，我们不得不跳过这一环节，转而向国际精神分析协会执行委员会及出版委员会的部分成员征询意见，从而形成一份候选论文名单，并将名单提交顾问委员会成员以从中遴选出某一篇作为讨论主题。

我对咨询委员会的成员心存感恩，他们不仅帮助我们选出合适的弗洛伊德论著作为丛书主题，还让世界各地的精神分析师推荐他们心目中适合评论被选议题的最佳人选。

系列书的每一个分册都首先以英语出版，此后被翻译成国际精神分析协会三种官方语言，即法文、德文和西班牙文。此外，该系列也在意大利发行。

我很荣幸能和 IPA 图书出版管理专员珍妮丝·艾哈迈德（Janice Ahmed）合作数年。正是她的鼎力相助、她专业的职业素养，以及给予这个项目的极大耐心，最终促成了这套优秀国际出版物的问世。此外，我还要感谢我的行政助理约翰·阿塞韦多（John Azelvandre），所有手稿的转录、每一次编校的记录和更新，以及收稿时间的规划，都得益于他事无巨细的责任感和耐心。

特别感谢 IPA 的秘书罗伯特·泰森（Robert Tyson）博士。由于出版商的更迭和过渡，这套书的出版过程极费周折，而罗伯特·泰森博士全程亲力亲为，他的努力促成了这套著作的面世。

本分册是这套书中首个由分析出版社而非耶鲁大学出版社出版的图书。当耶鲁大学出版社因资深编辑格拉迪斯·普基斯（Gladys Topkis）女士的退休而缩减其精神分析相关读物出版服务的时候，我们为最终选择分析出版社负责此书系的出版而倍感欣慰。

格拉迪斯·普基斯女士对于此书出版工作的启动和推进所付出的努力是无价的。在我们最初与耶鲁大学出版社合作的时候，她一直担任此套图书的编辑。她对于这套著作倾注的心血不仅限于最开始我们与耶鲁大学出版社的合作时期，在后期向分析出版社过渡过程中她也同样尽心尽力。她不仅仅向我们推荐了分析出版社，还让我们认识了新编辑——约翰·克尔（John Kerr）先生。

约翰·克尔先生不仅是一位出色的编辑，同时也是一位受训有素的临床心理学家，他对精神分析理论的看法独树一帜。 他同时也是《危险方法：弗洛伊德、荣格和莎宾娜·斯比尔林的故事》（*A Most Dangerous Method*：*The Story of Freud，Jung，and Sabina Spielrein*）一书的作者。 他和格拉迪斯·普基斯女士一样，是当代精神分析图书系列的优秀编辑之一，同样对精神分析理论充满热情。

该分册出版过程中，我们遇到一个棘手的问题。 我们只拿到弗洛伊德《群体心理学》一小部分内容的再版许可。 约翰·克尔曾为再版内容反复斟酌（这绝非易事），而且对每一个候选论著都做了详尽的注解。 该分册的最终问世离不开约翰·克尔先生的付出。

我们要感谢的人还有很多。 他们是分析出版社的南希·利古里（Nancy Liguori）、伦尼·克布林（Lenni Kobrin）、约翰·里格尔（John Riegel）。 这本书离不开他们尽心负责的编辑、校对。 我们还要感谢分析出版社的常务董事保罗·斯特潘斯基（Paul Stepansky）先生，他一直致力于当代精神分析著作的出版工作，他为当代精神分析的稳固发展做出了贡献。

最后，我们谨以此书献给迪迪埃·安齐厄（Didier Anzieu）。 在他辞世前不久，他完成了本书部分章节的撰写。 我们怀着无比尊敬和钦佩的心情出版此书，以此纪念迪迪埃·安齐厄先生对精神分析领域的杰出贡献。

埃塞尔·S. 珀森（Ethel Spector Person）

目 录

CONTENTS

导　论

埃塞尔·S. 珀森[1]（Ethel Spector Person）

---

[1]　埃塞尔·S. 珀森：美国哥伦比亚大学医学院（内外科学院）、精神医学系的临床精神病学教授，哥伦比亚大学精神分析培训与研究中心的培训及督导分析师，美国精神分析协会的会员。她是 IPA 出版委员会的主席，曾担任过北美 IPA 副秘书、副理事长。她的著作包括《爱情和宿命的相遇》（*Dreams of Love and Fateful Encounters*）及《性的世纪》（*The Sexual Century*）。

正如我们在前言里提到的， IPA 出版委员会决定通过咨询委员会广大成员投票并排序的方式选择弗洛伊德的经典论著作为这套书各分册的开篇。在前几年里，绝大多数成员高度一致地选择那些最能代表弗洛伊德思想的论著。但对于《群体心理学与自我分析》（或《群体心理学》）这本书而言，情况却有些不同，咨询委员会的成员对此的意见出现两极化。投赞成票的学者认为这是一本很重要的著作，因为它开启了分析师的自我探索之路。比如，本书涉及对人类"服从渴望"起源的探索；而投反对票的学者则认为这本书最多也就是一本"分析师指导手册"，或者可能连这都不如，它不过是重申了一种备受批判的思想，即弗洛伊德有关"原始族群"的论点。无论如何，《群体心理学与自我分析》最终还是被采纳了，尽管只是险胜一筹。考虑到某些优秀分析师对这部论著的高度评价，我也认为这是一个很不错的选择，因为该书对于弗洛伊德思想而言具有一定的转折意义。

精神分析师对于此书的评价褒贬不一。比如，伊莱亚斯·卡内蒂（Elias Canetti）和欧内斯特·贝克尔（Ernest Becker）两位学者，他们都对《群体心理学与自我分析》怀着相当深刻的感情，可是他们对此书的评价却截然相反。伊莱亚斯·卡内蒂是一位典型的逍遥派欧洲知识分子，也是 20 世纪最具创造力的思想家之一，他曾于 20 世纪 20 年代，在维也纳动笔编写《群众和权力》（*Crowds and Power*）（Elias Canetti，1960）一书，并用了 35 年时间才完成了这本社会学理论的标志性著作。对他而言，《群体心理学与自我分析》不仅和他的研究主题有关，他本人也对弗洛伊德怀有某些私人情结，他曾在自传式回忆录《我耳中的火炬》（*A Torch in My Ear*）（Canetti，1980：122）中写道：

那时候，我还没有意识到我的职业在多大程度上归功于这样一个事实：维也纳有弗洛伊德这号人物的存在。那时候人们都在讨论他，就好像每个人都可以因为弗洛伊德及其思想，为所有的事情都寻到一个答案。但是，弗洛伊德的思想却无法帮助我搞清楚那些对我来说至关重要的问题，因此，我曾单纯地认为我做的事情和他一点关系也没有，我甚至认为他是我的对手。但事实上，他对我一直有榜样的作用。只是，我在当时并没有意识到这一点。

卡内蒂一生最重要的著作的灵感来自于他和母亲、弟弟一起生活在法兰克福的经历（1921—1924），在那里，他们目睹了一系列群体性事件（Canetti，1982：79-80），获得了一些和群体有关的经历，那时候他们还没搬去维也纳。

前不久，在我到达法兰克福差不多一年，我曾经在采尔街目睹了一场工人的示威游行，我记得他们当时是在抗议瓦尔特·拉特瑙（Rathenau）的暗杀案。我能感受到示威队伍中散发出的强大信念，非常有力量……以至于我对于人生中这个首次亲眼目睹的示威游行印象深刻，如同生理本能那样难以忘怀。

随着德国通货膨胀的加剧，卡内蒂的母亲和弟弟离开法兰克福，去了维也纳，卡内蒂在6个月后才和他们会合。1924—1925年的那段时光恰好是卡内蒂在维也纳度过的第一个冬天，在那段时间里，他对未来有了新的想法。这段时间的经历对他来说无异于一种"启示"，召唤着他开始了长达35年对群体和权力的探索之路：权力如何产生于群体，又如何作用于自身。关于这个问题，卡内蒂的基本观点是，群聚本能总是和个人本能相冲突，而这种冲突可以为人类历史的一切重要问题提供答案［这个观点和弗洛伊德的一段话如出一辙：对孤立的个体来说，个人利益是一切行为的动力，但对群体来说，个人利益就显得无关紧要了（Freud，1921：79）］，卡内蒂还提出：群聚本能（crowd instinct）和性本能（sexual instinct）一样猛烈。

卡内蒂对"群体"的另外一次体验也发生在维也纳。1927年7月15日，奥地利布尔根兰州的工人们被杀害，但是法庭最终判定杀人者无罪，工人们为此抗议，卡内蒂也参与其中。"虽然这个事情已经过去53年了，但是它对我的影响深入骨髓……从那时开始，我就再也不能看任何有关监护暴动的事情。当时，我成为那个群体的一分子，我变得好像彻头彻尾的服从，服从群体，没有一点儿个人意志，对群体行为仿佛没有一丝抵触"（Canetti，1980：245）。后来，卡内蒂承认，置身于群体的感受仿佛地心引力一样强大。"在那种状态下，一切好像都变了，包括我的意识，一切都变得激烈又神秘……后来，不管我的生活状态如何，这个谜都一直困扰着我。即使我最终明白了一些事情，对于这些问题的困惑还是一样存在"（Canetti，1980：80）。

对卡内蒂（Canetti，1980：94）来说，最重要的体验是：

你仿佛一直被群体推着走，就跟喝醉了一样，你迷失其中，忘却自我，一切感受好像都那么遥远，却又充实；那种感受很真切，但是都不是为自己而感受，在那个瞬间，你没有自我，变得无我、无私。由于人们对自私充满否定和贬斥，我觉得，我需要这种无私体验，它如同末日审判的一声号角那般震撼，这种体验无论如何都不能被小看。

在乡下静修期间，卡内蒂第一次接触到弗洛伊德的《群体心理学与自我分析》（原文为德语 *Massenpsychologie und Ich-Analyse*），这也是他研究群体的开端。"让我惊讶的是，我试着翻开这本书，竟然能一直坚持看下去，因为从看到这本书的第一个词开始，我就产生了某种抵触心理，在此后的 55 年里，这种感觉都没有消失。"显然，卡内蒂之所以反感弗洛伊德，是因为他觉得弗洛伊德并没有真正体验过"群体的危害"，没有被群体俘虏和伤害过。"我对弗洛伊德的反感从我的作品一开始就展现出来了"（Canetti，1980：149）。

虽然卡内蒂自视和弗洛伊德关系甚密，是"对手"一样的存在，但是在其作品《群众和权力》中几乎看不出这一点。相反，在这样一部有着大量参考文献的著作里，通篇都没有出现对弗洛伊德论著的引用。只有一篇引文是和弗洛伊德有关的，还出现在脚注的位置，卡内蒂用它来描述史瑞伯的偏执性妄想症，因为这个案例实在是绕不开弗洛伊德。

和卡内蒂不同，欧内斯特·贝克尔对弗洛伊德《群体心理学与自我分析》大加赞赏，而且这部著作在贝克尔思想体系的形成中起了重要的作用。在他最重要的著作《拒绝死亡》（*The Denial of Death*）中，贝克尔给出如下的高度评价（Becker，1973）：

精神分析解开催眠之谜，发现了世人皆知的移情理论，如此卓越的成就让弗洛伊德理所当然地被认为其对领导力心理学的见解也同样掷地有声。《群体心理学与自我分析》这部著作，虽不足百页，但在我心中，却是一部极具开拓性和继承性的巨著，其理论不断被后人追随。

贝克尔对群体的兴趣并不像卡内蒂那样强烈。在"群体"这个问题上，他一直追随弗洛伊德，后者对组织、群体以及拥有领导者的、组织有序的群体都充满兴趣。

弗洛伊德发现，人们对于指引和权威是有着强烈渴望的。对贝克尔而言，人类具有一种"服从倾向"，我们可以在很多现象中发现这种"服从倾向"，比如，群体成员对领导者的依赖，来访者对分析师的移情，在更早的时候，可能表现为来访者对催眠师的绝对服从，上述情况的本质都是相同的。在这一点上，贝克尔特别认同弗洛伊德，以至于在"盲目服从"这个问题上，他曾经数次引用弗洛伊德的原文，并给出自己的解释：

弗洛伊德说过，人类其实并不是随随便便群聚在一起的动物，而是有组织的、有首领的群居动物。光这一点就"充满群体形成的神秘和强迫色彩"。一般来说，群体首领常常具有"危险的人格特质"，对这样的人格特质而言，最适当的相处态度就是表现出被动和受虐性，为了迎合首领的自由意志，成员必须要做出让步甚至是牺牲，这样才能相处下去。因此，和这样的首领单独相处，就变得有些艰难，甚至充满危险。弗洛伊德认为，这一点恰好解释了下级和上级相处过程中的那种"麻木无力感"。"人类对于权威充满热情，他们渴望被无限之力量统治"。那些领导者就是在他们专横的性格基础上又催眠般成功地内化了这一点。弗洛伊德指出，群体并没有为人类带来什么新东西，它们只是刚好迎合了深藏于人类内心的对欲望的渴望，而人们总是无意识地表现出这一点。弗洛伊德认为是生本能将群体聚合起来的。生本能才是将人们紧密联系在一起的黏合剂，只是这种"相互依赖"非常盲目，而领导者所拥有的特权，就需要所有成员每人出让一点儿自由意志，这种让步是罪恶的。

弗洛伊德（Freud，1921）认为勒庞（Le Bon，1825）所提出的"服从渴望"应该从力比多的角度加以诠释。他认为，群体联系本质上是力比多驱动的，可以和爱或者催眠相提并论。他认为爱是群体心理的核心。他进一步提出"催眠可以被视为一个由两个人组成的群体"。这个类比明显存在问题。乔斯·布伦纳（José Brunner，1995：177）指出："只有被催眠的人才可以充当群体成员的角色，催眠师是指挥这一切的领导者，因此催眠实际上是只有一个成员的群体。"

虽然贝克尔对《群体心理学与自我分析》大加赞赏，但他还是对人类的"服从渴望"提出了不同的见解。对他来说，群众成员个人意志的让步之所以罪恶（弗洛伊德如是说，参见上文），并非出于爱欲，而是因为软弱，是对个人权力的放弃。我认为贝克尔（Becker，1973：139）说出下面这段话时，其实已经十分接近于对盲目服从的理解，他提出：

人类不仅仅是贪婪、欲望蓬勃且充满破坏性的动物，不仅仅会仗着自己无所不能或无坚不摧而四处搞破坏，他还是一个战栗的弱者，他需要被人保护，渴望支持，颤颤巍巍地要在群体里证明自己实际上微不足道的权力。在一个共生体系里，领导者的特权和成员的渴望完美契合了。

其实，在论及移情起源时，弗洛伊德从来没有把力比多（libido）从无能感中完全抽离出来，哪怕是在非治疗、非临床的情境下。在《群体心理学与自我分析》中，他依然坚持本能论的基本知识体系。后来，弗洛伊德逐渐意识到，人们对其自身无能感的认识是一种发展驱力，但是弗洛伊德对此的了解也只处于萌芽状态。但在接下来的几年里，这一点逐渐在其后续作品中显现出来，虽然它始终没有被当做主要议题得以阐述。尽管如此，他还是并不太了解，群体心理的起源离不开我们想要重获保护和照顾的内在渴望，在

生命早期，这种保护是由父母提供的。有时候，群体心理学还来自于我们对某个独具魅力的个体的迷恋，之所以迷恋，是因为他可以让我们的破坏欲显得合乎情理。然而，正如贝克尔所说，弗洛伊德的"移情"已经发生了变化，最开始他认为"移情"（transference）来源于爱欲，在其后期作品中，我们可以看到弗洛伊德对移情起源的理解愈加宽泛了。比如，在《一个幻想的未来》（*The Future of an Illusion*）一书中，他就提到了"人类弱点""儿童式无助"这些议题，他还试图解释我们为什么需要一个有能力、有权威的父亲般的角色作为我们对抗外界强力的保护伞（Freud，1928：24）。

在《群体心理学与自我分析》的文本中，约翰·克尔将《群体心理学与自我分析》的部分摘录和他自己给出的注解交织在一起。有趣的是，刚开始我们拿到弗洛伊德原著极其有限的再版权的时候，难免感到失望，现在我们却不得不为此庆幸，正因如此，我们才有机会看到约翰·克尔对原著给出的大师般的鉴赏和品评。约翰·克尔既是一位临床心理学家，也是一名精神分析史学家，他可以同时从临床和历史的视角对原著进行解读，有助于我们理解两种观点的差异。针对这一篇来说，约翰·克尔自认为他从精神分析史方向给出的论点并不完美，因为原始资料并不完备。因此，"我们请求、甚至要求读者像临床医生那样阅读这一部分，也就是说让自己认同文本所关注的问题，但这并不意味着剥夺读者的批判态度。"克尔认为"这部分文字暗含了很重要的内容，但是需要读者自己的能力去领悟"。

克尔指出弗洛伊德如何处理特罗特（Trottev）与麦克杜格尔（Mc Dougull）作品中所提到的"传染"与"群居"现象，将之力比多化；以及弗洛伊德如何处理勒庞关于领导者影响力的观点，将之俄狄浦斯化。克尔观察到"弗洛伊德的观点存在两个意想不到的大问题"。力比多并非寻常的力量，它并没有什么目的性，或者说是目标抑制的（aim inhibited）。克尔的注解确实缜密地考虑到弗洛伊德使用目标抑制的力比多、自我理想（ego ideal）、陷入爱恋关系以及理想化（idealization）等概念来阐述其论点的方式。克尔特别强调了弗洛伊德有关"初级群体"的一段论述："初级群体由这样一群个体组成，他们将其中同一个客体（object）摆放在其自我理想的位置上，之后彼此之间相互认同，在自我这个层面，所有成员彼此都是类似的。"同样，弗洛伊德论点中的"父亲"也不是孩提时代那个典型的俄狄浦斯时期的父亲，而是原始族群的父亲。我没有办法言简意赅地对克尔的注解进行评论，我只能说，只有仔细研读过原著，领悟其真谛，才能给出这样的注解。

我们邀请参与本书的作者都要重视《群体心理学与自我分析》与当代思潮的相关性，并没有忽略那些看似充满疑惑的或者过时的问题。迪迪埃·安齐厄还专门交代了弗洛伊德写《群体心理学》的历史背景。除此之外，他还对著作中其他部分进行了精彩的总结，对我们原定的计划来说，这简直就是意外的收获，因为我们在前言部分提到过，由于版权限制，我们没有办法对其他内容进行再版。安齐厄提出：在 1915 年完成了元心理学相关论著之后，弗洛伊德"在 1920—1923 年间，又先后完成了三篇极其重要的作品，在这些作品里，我们可以看到他对此前的某些概念进行了修正和提升"。他所说的这三个作品，就是《超越快乐原则》（Freud，1920）、《群体心理学与自我分析》（Freud，1921），以及《自我和本我》（Freud，1923）。

对于手头的这些论著，安齐厄提出这样一个有趣的可能性，即诸多精神分析社团或国际精神分析协会内部的群体动力或许正是推动弗洛伊德不断地对群体心理学进行思考的一个因素。他曾在伦敦塔维斯托克诊所，仔细研究拜昂（Bion）、福克斯（S. H. Foulkes）以及约翰·里克曼（John Rickman）等的作品，对精神分析理论有关群体心理的思考进行追踪。最终，安齐厄还讨论了自己的作品，在其中他把群体和梦境进行了类比。

罗伯特·卡珀（Robert Caper）从另一个角度指出《群体心理学》的重要性，他认为：

个体心理学无法从群体心理学中完全脱离出来，这不仅仅是因为人类心理的一个基本功能就是和其他客体建立关系，个人和其他客体的关系本身也是其心理活动的重要组成部分。一个脱离了客体的孤立心灵并不存在，而且，如果忽略个人和其他客体的关系，我们也无法真正而全面地了解个体的心理。

卡珀刻意强调，弗洛伊德通过一个新近提出的概念解释个体和客体之间的关联。他以小男孩和父亲的关系为例进行说明。他认为，小男孩和父亲之间存在着两种形式的认同：其一是全能性认同（omnipotent identification），认为自己就是父亲；其二是认为自己要像父亲一样，具有父亲的权威性，同时把父亲视为和自己不同的客体。卡珀很聪明地借用了这个例子，来说明无组织群体和有组织群体之间的差别。无组织群体是乌合之众或暴民（mob），其中的个体没有明显的"自我感"或"感觉自己与别人不同"，而有组织群体则允许其成员拥有良好的自我感。其实，拜昂早在1961年就提出过类似的理论，他提出"原始群体"（primitive group）和"结构性群体"（sophisticated group）的概念，前者，拜昂的原始群体或基本假设群体，对应弗洛伊德的"无组织群体"；后者，结构性群体或工作群体，对应弗洛伊德的"有组织群体"。卡珀最有趣、最具创新性的论点是，精神分析关系是两个人（分析师和患者）组成的群体，其包含了原始群体和结构性群体的要素（由于卡珀并不提倡权威、专断式分析师风格，他把精神分析关系中的两个人称为两个人组成的群体，要比把催眠师和被催眠者视为两个人组成的群体，更有说服力）。

亚伯拉罕·扎莱尼克（Abraham Zalezink）也将群体分为两种：初级群体（primary group）和人为群体（artificial group）（或大型群体），扎莱尼克也将后者称为"复杂群体"。我们很荣幸能邀请到扎莱尼克这样同时兼具精神分析师、大型组织顾问身份的专家，帮我们理解这种"复杂群体"，这种复杂群体包括占主导地位的机构、大型现代化企业（扎莱尼克所说的现代化企业就类似卡珀所说的"工作群体"）。

企业必须充分考虑并利用雇员的利益，扎莱尼克称之为"利益原则"。在本书中扎莱尼克所写的那一章，他详细地描述了大型企业中，领导者对员工的影响力："乍看之下，力比多、认同等概念好像很难用来解释群体形成和群体行为。"相反，他特别关注个人利益（或利己主义）的作用，他认为这相当重要，很显然，扎莱尼克不只强调俄狄浦斯动力。然而，他认为大型企业和家庭事务其内在动力系统是不同的，前者基于自身利益，对后者而言，爱的激情常常取代了对利益的考量。这个例子也用来说明两种不同的群体。

如果扎莱尼克主要讨论卡珀所说的"工作群体"，那么安德烈·海纳尔（André Haynal）则重点关注基本假设群体（basic assumption group）的问题。除了合理运行、秩序良好的群体组织，还有一些非理性的狂热群体。海纳尔呼吁大家严肃对待狂热主义历史，以及狂热主义和宗教及世俗教条主义的关系。其实，虽然扎莱尼克重点关注大企业的研究，但是他并没有发现弗洛伊德在《群体心理学》中提到的"盲目服从"现象。海纳尔对此有所讨论，把这种服从描述为"对领导者催眠一般的服从""将自身希望或理想投射在领导者身上"。海纳尔曾真诚地提醒从业者提防这样一种情况，而此前伊兹瑞克（Eizirik）和安齐厄（Anzieu）也都以其他方式提醒过：精神分析或许也有宗教性的一面，或许是因为这一点，我们有时会产生这样的想法，即我们很反感那些不赞成精神分析理论的人。

除了其对精神分析所做的思考，海纳尔还想办法争取到对厄恩斯特·法尔兹德（Ernst Falzeder）的精神分析理论流派"家谱图"（即详细解说精神分析各流派）的再版权，这本身就是一个巨大的贡献。

约兰达·甘佩尔（Yolanda Gampel）试图在新世纪的文化背景（全球化资本创造了新的跨国阶层，其交流方式主要通过互联网实现，这种交流方式相对比较薄弱）中去理解弗洛伊德关于群体和乌合之众的思想。在全球消费主义的大背景下，她观察到群体心理学和个体心理学之间的困境。她写道："我们的时代正处于两种局面中，一种是对历史、宗教的坚守，另一种是媒体对现代生活的宣扬。"西方文化常常宣扬"种族主义其实是个人自恋主义的集合，前者是群体层面的自恋，它不接纳异己，也拒绝和别人相似"。和卡珀一样，她也引用了拜昂开创性的新思想。对于弗洛伊德提到的"驱力"，拜昂将其假设为"个体的两面性，即理性、科学性和迷失于幻想的非理性、原始性"。甘佩尔向我们介绍了她和极端社会暴力受害者的工作经验，分享了团体治疗中的一些记录稿。为了深入理解这些来访者的困境，她引入了"辐射性"（radioactivity）这一概念，用以形容这样一种情况：外部事实渗透、内化到个体的心理结构，而个体对此却毫无控制力。

和安齐厄一样，克劳迪奥·伊兹瑞克（Cláudio Eizirik）也对《群体心理学与自我分析》的其他部分进行了总结，而且他并未太过重视此书涉及的元心理结构问题。他指出，虽然《群体心理学》用了相当长的篇幅去探索自我和驱力，但其主要贡献在于对社会过程的理解。伊兹瑞克的注解也是沿着这个思路进行的。他一直研究并追随着群体心理学的发展，对威尔弗雷德·拜昂（willfred Bion）、埃利奥特·杰奎斯（Elliot Jaques）、珍妮·查舍古特·斯密盖尔（Janine Chasseguet-Smirgel）与奥托·克恩伯格（Otto Kernberg）的理论也不陌生。此后，他开始研究精神分析和文化的关系，探索它们到底如朋友般和平相处还是如敌人般相互制衡，或者是介于二者之间的某种关系。最终，他提出，精神分析运动本身就是人为构建结构性群体的过程，这个群体的性质类似于弗洛伊德提到的教会和军队。他希望找到一个方法来解决弗洛伊德去世以后，精神分析运动内部产生的各种分歧和斗争。为了对抗圈内人对精神分析的幻想，伊兹瑞克提出"要重视对精神分析理论的验证、寻找客观研究结果、保持和其他流派的对话与交流"。总之，我的简要总结并不能客观地评价伊兹瑞克对某些精神分析师僵化思维（他们仍然对精神分析理论之全能性抱持幻想）的思考。

虽然弗洛伊德不想放弃把本能理论和俄狄浦斯驱力作为人生最主要或者唯一驱动力的观点，但是在《群体心理学》中，他开始重视人际交往经验在心理发展中的决定性作用。他提出（Freud，1921：69）："对个体来说，别人总是会走入我们的生活，他们担任着不同的角色，有的可能是一个榜样，是某种客体，是助人者，也可能是竞争对手；从个体心理发生的最早期或者刚开始（请允许我用这种看似夸张实则合理的言辞），社会心理学就形成了。"

弗洛伊德根据其对关系问题的观察，对未来可能的研究方向提出了一些新思路：

精神分析的经验表明，任何具有持续性的、两个人间的亲密关系，如婚姻、友情或亲子关系，都包含厌恶和敌意，有时，这些感觉因为压抑而不被感知。工作搭档间的争吵或者下属对上级的抱怨中也有厌恶和敌意，但在这些关系中，它们就不太会被压抑。在我们和陌生人的关系里，在这些真实的、不经过压抑

或伪装的厌恶或敌意中，我们可以看到我们对自身的爱——自恋。

在《群体心理学与自我分析》一书的最后章节，弗洛伊德开始讨论一些负面情绪，并探索嫉妒的反向形成（reaction formation）对生活的影响。总之，弗洛伊德引入了一个全新的观点，开始讨论情感（而非内驱力）对人类动机的影响，只是这一点在最近的精神分析研究中才被充分关注。

个体既要保持独立，又必然和他人产生联系，弗洛伊德在其论著中的矛盾观点反映出他已经开始在更为广泛的视角下研究个体心理结构。在《群体心理学》第3章，弗洛伊德引入了一个有关孤立状态的有趣论点，他指出："对智力性工作而言，一个不可忽略的事实是，思想领域的重要决定、重大发现或者是对问题的解决，只会来自于独自工作的个体。"这段话显示了19世纪和20世纪早期颇为流行的英雄主义观点。我们再次对比卡内蒂的论述（Canetti，1980：122）：

那时候，我还没有意识到我的职业在多大程度上归功于这样一个事实，维也纳有弗洛伊德这号人物的存在。那时候人们都在讨论他，就好像每个人都可以因为弗洛伊德及其思想，为所有的事情都寻到一个答案。但是，弗洛伊德的思想却无法帮助我搞清楚那些对我来说至关重要的问题，因此，我曾单纯地认为我做的事情和他一点关系也没有，我甚至认为他是我的对手。但事实上，他对我一直有榜样般的作用。只是，我在当时并没有意识到这一点。

从这些内容中，我们可以看到两位都对"独立的天才"抱有幻想，他们自认为独立于他人，而且高于他人而存在。

与之不同的是，现代科学家们比较重视团队，他们认为彼此都是团队的重要组成分子，为自己隶属于某个"实验室"而倍感自豪。他们能够意识到团队的等级，同时也了解自己在群体中的价值。再反思弗洛伊德和卡内蒂的观点，我们不得不感叹这两位是多么自相矛盾，他们既强调群体心理学在个人心理发展中的重要作用，又坚持个体完全能靠着一己之力、单枪匹马取得成功。考虑到那个时代的历史背景（重视个人成就，宣扬英雄主义），弗洛伊德对这一点相当执着，而忘却了他的工作离不开一系列"移情客体"（译者注：他的患者）或"颇具创造力的合作者"的贡献，比如威廉·弗利斯（Wilhelm Fliess）（Person，1999）。

现代精神分析的兴趣点和关注重点已逐渐转向自体客体关系和主体间理论。这种发展趋势是该领域演化历程中内在动力的产物，但同时也反映了针对人类和领导者的文化怀疑论调，以及我们每个人是如何被文化影响的，这种影响不仅体现在某个特定群体，也体现在一种特别的历史情境中（Person，1995：197-217）。有趣的是，正是这位一直自我标榜为个体主义者的弗洛伊德（或许，并非真的如此），和其他学者一起，为我们从群体视角理解自我而奠基铺路。如今，我们对群体和群体形成的理解也因客体关系理论和主体间理论的发展获得诸多新进展，当然这也离不开我们对历史观点的深入理解。我们中的任何一个人，包括弗洛伊德，都不能免于文化潜意识的影响，也摆脱不了那些深刻影响我们思维方式的历史。

参 考 文 献

Becker, E. (1973), *The Denial of Death*. New York: Free Press.

Bion, W. R. (1961), *Experiences in Groups*. London: Tavistock.

Brunner, J. (1995), *Freud and the Politics of Psychoanalysis*. Oxford: Blackwell.

Canetti, E. (1960), *Crowds and Power* [*Masse und Macht*]. New York: Continuum, 1972.

Canetti, E. (1980), *The Torch in My Ear*. Farrar, Straus, & Giroux, 1982.

Freud, S. (1920), *Beyond the Pleasure Principle. Standard Edition*, 18: 7–64. London: Hogarth Press, 1955.

Freud, S. (1921), *Group Psychology and the Analysis of the Ego. Standard Edition*, 18:69–143. London: Hogarth Press, 1955.

Freud, S. (1923), *The Ego and the Id. Standard Edition*, 19:12–66. London: Hogarth Press, 1961.

Freud, S. (1928), *The Future of an Illusion. Standard Edition*, 21:1–56. London: Hogarth Press, 1961.

Le Bon, G. (1895), *La Psychologie des Foules*. Paris: Felix Alcan.

Person, E. (1995), *By Force of Fantasy*. New York: Basic Books.

Person, E. (1999), Creative collaborations: Writers and editors. *The Psychoanalytic Study of the Child*, 54:1–16. New Haven, CT: Yale University Press.

第一部分

《群体心理学与自我分析》（1921）文本

约翰·克尔[1]（John Kerr）

---

[1] 约翰·克尔：分析出版社的资深编辑。身为一位作家、临床心理学家及历史学家，他是美国纽约大学/康奈尔医学中心精神医学历史部的成员，是《危险方法：弗洛伊德、荣格和莎宾娜·斯比尔林的故事》（*A Most Dangerous Method：The Story of Freud，Jung，and Sabina Spielrein*）一书的作者，以及《依恋理论：社会、发展和临床观点》（*Attachment Theory：Social，Developmental and Clinical Perspectives*）的共同编辑。

开篇的文章并不简单，它读来晦涩，也不好理解。

I

这不是一篇简单的文章。

一般而言，临床医生在研读前人论著的时候，会假定其内容不具有时效性，即论著里的知识不受时间影响，这虽然有点大胆，但是更多还是出于获得新知的必要性。在某种意义上，临床医生参考前人经验也是为了不断地理解当下。这种关注当下的态度影响其用什么方式开始阅读。他们往往试图寻找一个标准，比如概念术语，对患者的描述，以便相互交流观点。在这个过程中，产生分歧是可以理解的，但总的来说，分享的态度才是一切的开端。在某种程度上，认同（identification）也就意味着承认，这是获取知识的基础。

但是《群体心理学与自我分析》并非临床论著，里面并未涉及患者。而且，它里面出现的一些概念，现在的很多临床医生可能都不经常使用了。

历史学家的想法和临床医生们不同。历史学家们总是试图保持文献的原汁原味。他们是历史、过去取向的。只有考虑到应该让更多人理解自己观点的时候，他们才会更"共情"（empathy）一些。不然的话，他们总是过于谨慎和缜密。有些人试图从原材料里捕获灵感，以确认作者在什么情况写出这样的著作，然后再从中推论当时发生了什么事件、在什么因素的影响下才让他们有了这样的灵感。对于历史学家来说，他们理解论著最合适的方式是旁观者、是后退，而不是投入其中。

就拿弗洛伊德的《群体心理学与自我分析》这部论著来说吧，其实我们没办法很好地按照上述方法进行分析。尝试分析这部著作太困难了，就让我们暂且说说那些只能公开发表的段落，以此了解他写这部著作是基于什么样的灵感和思路。

1919 年 5 月 12 日，弗洛伊德写信给桑德尔·费伦奇（Sándor Ferenczi)，他说，他一收到关于"托尼"（Toni）[安东·冯·弗罗因德（Anton von Freund），是他们共同的朋友，精神分析基金会赞助商，不幸的是，他是疾病晚期患者]的消息，"就有强烈的压抑向我袭来，我不再具有任何创造力，什么都不想再做了"。紧接着，他草草提及写就《群体心理学与自我分析》的灵感："……而我此前不仅仅完成《超越快乐原则》的手稿，我已经印了一份准备给你，我还想写一写和'怪怖论、神秘主义'有关的东西，此外，我还灵光一现地想去试着寻找群体心理学的心理基础。但现在来看，所有这一切都要告一段落了。"（Falzeder & Brabant，1996：354）

这算是有价值的发现？确切地说，并不算。联系一下上下文，我们可以推断，弗洛伊德可能在两三周之内开始写这篇论著。好吧，即便如此，我们对他到底在想什么还是一无所知。连他自己都称之"灵光一现的想法"（突然产生、非正式闯入脑中的想法）。用弗洛伊德的理论去理解，可以叫做"自由联想"，这种想法产生于任何场合，也没有什么固定内容。

翻阅文献记录也一无所获。在这次通信后的1年，弗洛伊德给亚伯拉罕写信。通过这封信，我们得知，弗洛伊德已经把其"想法"写成文章，并计划在1920年出书，后来他也做到了（Abraham & Freud，1965：308）。秘密委员会的成员们都在次年夏天收到了这个手稿复印件，差不多在他们1921年9月21日在哈尔茨山聚会的前不久。我们也可以从现存的一些往来信件中推断，当时卡尔·亚伯拉罕（Karl Abraham）、欧内斯特·琼斯（Ernest Jones）早在这本书出版前就已经对此相当熟悉，从论著内容来看，奥托·兰克（Otto Rank）、费伦奇也提早看过书稿。这就部分解释了为什么这本书面世之后，对它的讨论并不是那么多。但是，回顾他们的通信，所有的信息仿佛都不能告诉我们弗洛伊德写这本书的确切原因或者动机。

对于这个问题，继续研究论著本身也并不给我们什么有价值的信息。在这种情况下，我们只能追随弗洛伊德，看看会出现什么话题以及有关这些话题的讨论。我们也只能，或者被迫，像临床医生一样去研究这些论著，也就是说，让自己代入文本所描述的内容里，而不牺牲批判立场。当然，这种方式比较欠缺历史视角。我们可以试着去理解论著内容，而非解释它，除非你能把它解释好。此外，这种操作让我们开始关注一个极为重要的话题。实际上，这部著作还是值得我们进一步深入理解和探究，毕竟它对今天的读者来说还具有非常重大的价值。

在下文对《群体心理学与自我分析》的部分摘录中，我们更要提醒诸位的是，论著暗含着重要的信息，剩下的要靠读者自行领悟。

||

难懂的论著。

初读这部著作的时候，很多读者会对其产生误会。著作中有下面一些字眼：比如，群体是"冲动的、善变的、易怒的""慷慨或无情的，勇敢或懦弱的"（Freud，1921：77），"群体是轻信他人的，容易被煽动和影响的，容易走极端的"（Freud，1921：78），"群体成员想要被管理和制约，他们对上级充满恐惧（Freud，1921：77-78）"，读者读到上述内容的时候，就会假定我们总是关注讨论群体非理性的一面，读者的这种反应是可以理解的。他们可能还会进一步推论，群体非理性面很容易让人联想到个人的非理性层面。

有这些想法的读者其实是走错了一步，当然这绝非少数。因为对弗洛伊德来说，他从来没有认为非理性只是群体的一个特质，相反，他认为群体本质上就是非理性的。而至于群体非理性和个人非理性（神经症患者尤其多见这种非理性特质）相关性的探索，可能就需要另写一本书去阐述了。对于这种一开篇就容易产生的误解，弗洛伊德需要作出额外的说明，而且还要保持思路清晰。

这本论著的大部分内容（超过4/5）风格还算比较明朗，一直用其惯有的"弗洛伊德式"的调调从容不迫地写作。我们先申明一点：当弗洛伊德以其一贯风格写作时，他的论著还是让人愉悦的。他的论著颇具韵律感，时而向前深入推进论点，时而停下沉思考虑，时而后退旧事重提，他就是这样善于制造悬念。在他的一贯风格中，我们总是能看到针锋相对的讨论，看到立论-反驳、同意-保留、大胆-谨慎、确定-怀疑-确定的过程。现在很多人都对弗洛伊德作品翻译者詹姆斯·史崔齐（James Strachey）表示不满，为了他把德语的"Ich"翻译为"ego"而不是"I"这等事（这要命的失误确实出现在论著标题中）将其批判得体无完肤。但是他精通德语，为我们翻译出完整的英译版。对此，我们也应该心存感激。

通过詹姆斯·史崔齐的译著，我们也可以看到弗洛伊德惯有的叙事风格。弗洛伊德总在文章中表现出其反复沉思和考虑的过程，而不是直接给出描述或者论点。这当然比平铺直叙更费事，但读者读来还算愉快。看看下面这段出现于论著最开始的部分内容，弗洛伊德试图在第一章就阐述这样一个观点："个人心理学"（Ⅰ-psychology）和"群体心理学"是相关的。弗洛伊德从一开始就承认，对个体心理学的理解离不开对个体和他人关系的探讨。如果真的像很多现代读者所认为的那样：如果弗洛伊德曾付出了一些代价才肯承认人际关系对于个体心理的重要作用，那么他很有可能故意没有表现出来。

正如之前所说，个体总会和他人发生联系，比如父母、兄弟姐妹、爱人、朋友或者医生，个体也会受到对其来说重要的某个人或少数几个人的影响。但现如今，当我们提到社会心理学或群体心理学的时候，我们总是会把上述关系搁置一旁，而专门去研究一大群人同时对某个体施加的影响，个体和这一大群人通过某种方式连结，没有这种连结，个体和他们就是陌生人。从这个角度讲，现代群体心理学研究的是个体和这样一些群体的相关性，比如民族、国家、社会阶层、职业、机构，或者人们在某些特定的时间、因为某些特定的原因而组成的群体。

到目前为止，弗洛伊德也只是初涉群体心理学领域。很明显，他一直想把小范围、亲密的（small-intimate）群体和大范围、因某些原因而产生归属性的（large and ascriptive）群体这两个领域连结起来，但是却没有做太多。从下面的一段文字可以看到，弗洛伊德想要给那些对此进行截然区分的人制造压力。不过，他置身事外的时间有点长，当他后来真的加入这场争论的时候，还是挺困难的。文本（Freud，1921：70）继续：

一旦自然延续性被中断，或者说自然相关的事物因为某些原因而有了裂痕，在这种情况下出现的现象就可以用某些无法简化的特殊本能来解释，即社交本能（群聚本能、群体心理），这在其他情况下不容易表现出来。或许，我们可以冒险提出这样的观点：群体数量这一因素似乎还没有重要到可以在我们的精神生活中引发出一种在其他情况下无法发挥作用的新本能。我们的兴趣被引导向两种可能：其一，社交本能或许不是一种原始的、无法分割的本能；其二，我们可以在一个小系统里发现社交本能的起源，比如家庭。

上文虽然寥寥数语，但如果你仔细研读的话，会读出很多内容。而且，你对其中任何一点都很难提出异议。上文的整体论调还是比较友好、包容的。

但这并不代表这篇文本就很容易理解。在阅读的过程中，读者都会感觉到阻力，对于里面的某些观点可能也觉得难以信服。这个问题在第 2 章一开始就能看出端倪，在这一章中，弗洛伊德开始研读勒庞写于 1895 年的经典作品《群体心理学》（*Psychology of Crowds*），为此还颇费了一番精力。弗洛伊德让勒庞自由发表自己的观点，但是他却不断地打断他，他也承认这一点。有时候，弗洛伊德打断他是因为无法赞成其观点，更确切地说，是为了把心中的保留意见表达出来。勒庞并没有考虑到那些能让个体隶属于某群体的特质。勒庞通过对群体中个体行为的观察，发现了某些新特征，但我们认为这些所谓的新特征，其实是个体本来就有的特质，只是在压抑解除后才表现出来。勒庞阐述并区分了两种特质：群体感染性（contagion）和受暗示性（suggestibility），且认为前者是从后者衍生出来的。弗洛伊德经常打断勒庞，除了提出不同意见，也会给予赞同。有时候，可能二者都有：

我之所以大篇幅引用勒庞的文章，是为了进一步澄清他的观点，勒庞在文章中提出处于群体中的个体是被催眠的，而不仅仅是对感染性和受暗示性进行区分。对此,我并不是要提出反对意见,而是为了强调一个事实:个体在群体中之所以会发生变化,是因为群体的两个属性:感染性和受暗示性。然而,这两个属性明显并不对等,感染性实际上是受暗示性的表征。

对大部分内容而言,弗洛伊德对勒庞都是持赞同态度。他打断勒庞也只是用自己的话重申勒庞的观点而已:在群体中,个人往往丧失了其意识自觉,取而代之的是无意识冲动。群体中弥漫着一种情绪感染性和受暗示性;群体成员强烈地感觉自己需要一个领导者。弗洛伊德对这些观点的阐释和勒庞的观点完美契合,他们衔接得如此天衣无缝,以至于当弗洛伊德转向对自己观点的阐述时,我们看不出来到底是谁在讲话。

在第 2 章的最后,弗洛伊德通过一个长句对勒庞进行最终点评,其中包含了两点: 对其观点有所保留,但同时又给予高度赞誉。"勒庞并没有刻意去制造这样一种印象:他其实已经成功地把领导者以及权威的重要性完美地融入到他先前描述过的群体心理当中。"

弗洛伊德并没有在论著中摘录威廉·麦克杜格尔(William Mc-Dougall)写于 1920 年的心理学文章——《群体心理》(the Group Mind)。否则第 3 章他就要再以类似的形式进行阐述:先引用一段冗长的文本,对其中的主要观点表示认同,再委婉地对其中一些观点提出点不同意见。由于麦克杜格尔提出"无组织群体"和更加稳固的"有组织群体",因此针对群体的问题,我们就有了三种声音:麦克杜格尔、勒庞、弗洛伊德,他们都大声宣扬群体行为的古怪性、荒谬性。后来,特罗特写于 1916 年的畅销书《和平和战争时期的本能》(Instincts of the Herd in Peace and War),提出了群体心理学的第四种声音。然而,弗洛伊德对特罗特的点评在论著的最后进行,还顺带处理一些在一开始就非常重要的问题。弗洛伊德之所以提到特罗特还有着比较特殊的原因。即便如此,他还是用了类似的论调:这是一本很精彩的书,我们有很多认同点,但也不是百分百赞同。

但是,弗洛伊德就是弗洛伊德。有时候他打断麦克杜格尔是因为这种情况:他有了非常好的、无需要酝酿就可以直接表达出来的想法(Freud,

1921：79）：

为了对群体道德感做出正确的判断，我们必须考虑这样一个事实：当个体进入群体的时候，个人的自我抑制就在某种程度上消失了，那些潜伏于其内心深处的、原始心理世界的残骸：无情的、非理性的、破坏性的本能，在群体形成的那一刻即被唤醒而且寻求满足。在暗示性的影响下，群体也可以形成良好的克制、慷慨以及奉献精神。对孤立个体而言，个人利益是其行为的重要驱力，但是个人利益的作用在群体中却微乎其微。我们或许可以说，个体的道德感因进入群体而得以提升（此处引用了勒庞的观点），但是群体理性还是远低于个人理性，其道德伦理行为既可能超过，也可能会远远低于个体的伦理行为。

总之，如果弗洛伊德感兴趣的话，他就能从很多不同的角度去发表观点。在其论著中，我们也能看到很多博人眼球的、对个体和群体成员心理行为进行对比的段落。我应该把这些内容留给受邀创作本书的作者，让他们仔细品鉴。刚才我们引述的观点其实也是弗洛伊德叙事风格的一个例子。在某种程度上，它其实非常契合弗洛伊德表达观点时的特有结构，虽然这种结构并没有明确揭示出来。此外，弗洛伊德曾经用教会和军队为典型去诠释群体行为，他应该会想到，读者可能会批判他低估了信徒忠诚或者战士英勇的真实性。但是那时候，针对教会和军队的观点还没有正式提出来。所以，弗洛伊德似乎很诚实，他如实地观察事物，即使观察结果和他之前的观点有出入，他之前一直认为群体行为是原始的、冲动的。我们注意到，弗洛伊德也很大方且诚实地引述了勒庞对于这一论点的看法。

弗洛伊德的态度是诚实、坦率的，思路也一直很清楚。但是他一丝不苟地引用那些原始资料，有时候会让读者分心。其中一部分原因是读者无法在随处可见的赞同中注意到那些需要给出异议的部分。因此，有时候读者可以做的也只是记得谁在讲些什么。

读者在阅读文本的时候容易分心，这一点常常和弗洛伊德一贯的写作风格有关。我们已经习惯了弗洛伊德喜欢用不同的调调去阐述某个论点，这一点在其提出反对意见时更明显，在他阐述哪怕是自己的观点或者和读者绕来绕去的对话时也可见一斑。只不过，以前弗洛伊德习惯于通过想象提出论点，但现在，那些论点都基于真实存在、有据可循的资料，你可以找到它们的出处，找到提出论点的人、原著、脚注等。这种感觉可能会让人有点不习惯。那些被引用的权威无法再被我们自由想象，而且论点转换的时候，它们也不会消失得无影无踪。它们顽强地存在着，这让我们不再通过弗洛伊德的叙事风格而营造出虚构角色。而且，弗洛伊德那充满性色彩的、晦涩深奥的自我似乎也被分散和具体化了，因为其中一部分被分配给其他学者。或者也可以说，圈内其他学者已经在弗洛伊德的叙事性自我（narrative ego）中占据了一席之地？

　　最后，那些试图跟上作者思路又想方设法记住其中一些亮点内容的读者到后面就会发现精力很难集中，甚至变得困惑。为了对抗这种感受，他们不断提醒自己再努力试一试，就好像对自己说"再坚持一会，我就能搞清楚这个论点了"一样。他们往往会有一种强烈的冲动去搞清楚某一章节的整体架构和知识框架，这样的话，观点或想法就不会总是变来变去的。事实上，我们邀请的两个学者已经这么做了，我没办法阐明他们为什么要这么做，但是我保证我会澄清我这一章的内容框架，且想办法在弗洛伊德和另外三位同道之间做一个平衡，比如尽可能地去协调和统一他们所用到的术语。我之所以这么做，也正是出于上面所说的那个原因。

　　除此之外，还有一个比较严重的问题，当然这仅限于英文版，就是"群体"（group）这个词的准确性。这是史崔齐对于弗洛伊德"群众"（Masse）一词的译法。弗洛伊德和勒庞反反复复提到多种说法，比如"群体"（crowds）、"暴民"（mobs）与"帮派"（gangs）等，但本文却仅仅使用"群体"（group）一词，这可能会引起读者的困惑。群体（group）可以有多种形式，比如通用汽车公司、小型球队联盟、精神分析的培训协会、一群暴民，这些都可以用群体（group）来表示。但我们所谓的群体（group），难道也包括上面所有这些群体吗？似乎不是的。坦率地说，如果有人非要说，培训协会有时候和暴民本质上差不多，那么我们也百口莫辩。但是，在这种情况下，我们会观察到这样一个事实，那就是教学协会从事的某些事务常常比较慢，比暴民行为慢很多，慢的以至于有时候一些成员只能离开群体而开始自己的工作。这是一项重要的差异。这只是其中一点，我们还没有谈到通用汽车公司或者球队联盟这样的机构。当然，也可能我们只谈到了群体心理的某些方面，某些共有的、大部分都还在潜伏状态有待验证的倾向，只有在特定的场合或者特定的时间才得以显现。并非群体心理学的所有一切都可以被讨论，只有某些方面可以。或许我们所谈的只是某些类型的群体。读者可以自由想象。

其实一直以来，我们都搞不清楚如何详细地区分各种不同的"群体"并去分析它们。或许在德语里，没有必要把不同的群体区分得很详细。因为"群众"（*Masse*）包括其复数形式"*Massen*"以及群众心理学（psychology of masses）中所使用的"mass"，它们对弗洛伊德来说并没有本质区别，都差不多。但是对英语来说，群体（group）一词的范围就太大了，如果不提前说明群体所指代的范围，我们的观点也就难以立足。在这种情况下，当在人们对某个话题进行讨论的时候，就会因为搞不清楚群体所指代的内容而倍感困惑。一般而言，人们会很快地理解词汇的意思，因为它们指代明确，比如，易被影响的、冲动的、易受暗示的、领导者特权、群聚本能、原始的、孩子气、不理性等。但是，不好意思，你说的群体，到底是哪一种？

只需稍微浏览一下字典，你就知道要彻底搞清楚群体的概念是多么困难。比如，你打开《杜登（Duden）字典》［相当于德语版的《韦伯字典》（Webster）］查"*Masse*"一词，我曾经拜托彼得·度登斯基（Peter Rudnytsky）帮我查询该词词义，字典给出的第一个释义：不成形的生面团，黏着的、无形的、膨胀的团块；第二个释义：很多，未标明具体数字，就好像我们平时说的"有很多钱"或者"真的太多了"中的"很多""太多"。"很多"的意思也出现在群众（mass）中，这一点德语和英语是一样的。在政治方面，"*Masse*"的意思比我们说的"大多数"程度更高，所指代的集体涵盖数量更多，应该用"大量"更为贴切，正如我们平时经常听闻的"大规模的、大量选民们"中的用法一样。我们平时听到马克思主义所讲的"那些被压迫的'大多数'",其中"大多数"也可以用"masses"或者"massen"来表示。第三个释义：暗指缺乏独立性的思想和行动。此外，它还是一个物理学术语，这一点和英语相似。奇怪的是，在德语中它还和"继承、继承物"有关，包括不动产以及身体上的继承都可以使用"Masse"一词来表达（后面我们会看到，弗洛伊德论述中关于种系发生的观点呼应了最后的这个用法）。

翻阅更早的一本德英双解辞典《朗根沙伊特》（*Langenscheidt*）（再一次谢谢彼得·度登斯基），我们会进一步发现一些有意思的成语。比如，"*breiten Massen*"，其字面意思是"广大群众"（broad masses），即任何群体中的普通成员，或者说是"民众""老百姓"。在德语中，群众成群结队地到达（crowds arrive in "*Massen*"），和英语与法语中他们成群地到达（arrive "*en masse*"）一个意思。但是，在德语中，"和群体一起"（go with the crowd）是与群众一起（go with the mass）的意思——"*mit der Masse*"——而"蜂拥的人群"（stampede）则是"*Massenflucht*"。仔细体会，还是存在一些细微的差别。德语中不是只有各种"群体"（crowd）的表达。由此看来，单单是"*Massen*"这一个词语，就可以指代很多种群体。更别提其第一个释义里说的那种无法分辨的、黏着的、无形的团块样物质。总之，这是弗洛伊德找到的一个很棒的词。

但是，"*Masse*"并不等于"群体"（group）。如果查阅《朗根沙伊特》，"*Masse*"并未对应出现英语的"*group*"。同样地，查"group"也找不到"*Masse*"的对应翻译。在这本词典里，"group"对应"*Gruppe*"，"*Kreis*"（代表志同道合的集团）对应"circle"，"*Konzern*"对应"commercial outfit"（商业性群体），可就是没有出现"*Masse*"。

我们要为此将史崔齐的翻译版束之高阁吗？还不是时候。不管怎么样，史崔齐是弗洛伊德本人亲自指定的作品翻译者（Paskauskas，1993：419）。实际上，这个作品恰好也是史崔齐首部重要作品。他开始翻译此书时，刚好也住在维也纳（他见过工作中的弗洛伊德），弗洛伊德和他比较熟悉，两个人住得也比较近，这一点是弗洛伊德选择翻译人选的重要考虑，正如弗洛伊德所说："他就在我附近，我随时可以和他合作。"在本书出版之前，弗洛伊德对前半部的译文进行过校对。弗洛伊德对半部的评价是：完全正确，没有任何误解。琼斯（Jones）也认同这一点，认为史崔齐的译本"很不错"。

所以，对于我一直抱怨的这个语词选择的问题，弗洛伊德其实是默许的（下次看到他把"*Ich*"翻译成"ego"的时候，我们最好能想起这一点）。可以确定的是，英语中的"mass""masses"以及作为形容词的"mass"，在弗洛伊德的复杂论述中，将变得不适当且普遍缺乏准确性。在与琼斯的通信中，这种尴尬就可见一斑，首先，"群众-心理学（Mass-Psychology）"中的连接符，在书中显得很别扭，而且出声朗读的时候也感觉怪怪的。作者与译者可能也有类似的感觉。在严格词义学上，"群体"（group）一词或许不是最佳选择，但是用它来表达一些意思还是说得过去的。尽管如此，这些内容仍让人感到难以理解〔更加不合理的是，史崔齐自己也承认，"群体"（crowd）这个词用来对应勒庞的"*foule*"还是相当准确的，但是他在翻译的时候并没有采纳，继续把 *foule* 译为"群体"（group），而他这么做，仅仅是为了和之前已经出版的勒庞英译版的用词保持一致。这一点确实让人感到羞愧〕。

虽然事实如此，但我或许不应该把词汇选择的问题如此夸大，这样会给读者造成错误的印象，认为该文本的可读性不强，甚至是无法阅读的。但是，我需要申明的是：本文是可读的，而且有时候还很值得一读。只是文章时而起伏，让读者不知道我们究竟在说什么。不过，当有人另辟蹊径地给予指点的时候，这个问题就暂时得到改善了。麦克杜格尔（McDougall，1920）就做到了。在第 3 章，他首次区分了"有组织的群体"与"无组织的群体"，这种区分很好地缓解了读者在读到一大堆各式群体时逐渐产生的焦虑感，他帮读者厘清了概念，提供了更好的表达。而且，此后弗洛伊德指出：麦克杜格尔的"无组织的群体"正是他到目前为止一直在讨论的东西，这种澄清就让我们读者理解起来简单多了。此外，弗洛伊德（Freud，1921：86-87）还讨巧地提出一个独特的控制论观点，来讨论如何对这两种群体进行区分：

麦克杜格尔所说的群体组织性用另一种方式来描述或许更合理。问题在于，群体如何精确地获得那些属于个体的，但在群体形成过程中被压制的特质。对不属于群体的个体而言，他拥有自己的身份感、自我感、传统、习惯，以及他自己独特的价值和立场，他让自己与别人保持距离。然而，由于个体进入到"某个无组织的群体"中，他却失去了上述特质。正因为如此，我们意识到，我们的最终目的是让群体拥有个体的属性。

如果此后我们谈论的重点一直都是"无组织的群体"而非"群体"，那么事情就简单多了，可事实却并非如此。不仅如此，对群体争论的范围也逐渐扩大，以至于纳入教会和军队两种"群体"，这两个群体都很庞大，而且组织严格，当然，它们都要处理很多烦琐的事务。作者与译者显然都想要尽可能地展现"群众"（masse）一词的所有丰富内涵。所以，他们继续使用"群体"（group）这个词。或许，麦克杜格尔使用的术语太过详尽，不利于另一个有关恐慌的观点（这个观点也是重要的），我们稍后会再略微讨论这一点。

III

所以，弗洛伊德到底是怎么想的呢？他让我们总是不安心，好像怎么都没办法知晓他到底想做什么，对群体非理性行为的讨论尽管值得赞美，但也不会一直如此。然而，尽管弗洛伊德费尽心思地想维持悬念，但它其实并没有那么扣人心弦。弗洛伊德已是故人，现在，我们已经很清楚他当年提出的观点都是如何发展的。弗洛伊德其实倾向于建立某种群体连结——特罗特（Trotter，1920）所说的"群聚性"（gregariousness）、麦克杜格尔（Mc-Dougall，1920）所说的"易受感染性"（susceptibility to contagion），也可以参考勒庞在 1895 年提到的感染性以及受暗示性。弗洛伊德仍然试图用力比多的角度来解释群体连结。他重视领导者影响力，并试图以俄狄浦斯的角度去诠释勒庞所谈到的"权威、声望"。

他确实也是这么做的。关于用力比多解释群体这一角度，弗洛伊德概括了自己与勒庞和麦克杜格尔的不同意见，表示自己并不赞同大众把"暗示"过于绝对地当做一种万能解释，他阐明了自己的看法。弗洛伊德（Freud，1921：90）的观点简明扼要："我试图用力比多概念来阐明群体心理学，是因为这个概念曾经在研究精神神经症（psychoneurosis）时起了很大的作用。"他的观点中与俄狄浦斯有关的那一部分在将近整整三章之后才出现。在中间段落，他主要关注教会与军队群的力比多作用系统、其背后的嫉妒，以及被群体连结掩盖的不满。但当我们讨论到"认同"（identification）这个主题的时候（第7章的主要内容），父亲形象在开篇就出现且成为中心议题（Freud，1921：105）：

精神分析理论认为认同是个体与他人产生情感联系的最早期表现。它参与了俄狄浦斯情结（Oedipus complex）的产生。小男孩会对父亲表现出特殊的兴趣：他想要成为父亲一样的人并且完全取代他。简单地说，父亲形象就是这个时期小男孩的自我理想。这种行为与对父亲（以及一般男性）的被动或女性态度无关，相反地，它是典型的男性发育的心理阶段。它完美地契合了俄狄浦斯情结，并对俄狄浦斯情结的形成做了铺垫。

在小男孩对父亲产生认同的时期，或者稍微再晚一些，男孩会根据依恋类型［attachment（anaclitic）type］对母亲发展出真正的客体投注。此后，"小男孩"会表现出两种截然不同的心理连结：对母亲发展出直接的、与性相关的客体投注，同时认同父亲并将他视为典范。在一定的时期内，这两种并存的心理连结互不影响、互不干涉。由于心理发展的必然性，这两种连结最终合而为一，俄狄浦斯情结就此产生，小男孩注意到父亲成了他和母亲之间的障碍。

在这些论述中，"认同"被赋予了惊人的重要角色，同时也找到了它的发展根源。也就是说，俄狄浦斯终于和力比多关联在一起。我们认为，在俄狄浦斯与力比多这两种解释思路之间，一定会出现争议——我恳请读者在此暂停并想象一下，接下来将会发生什么。对于弗洛伊德到目前为止所罗列的

观点，我们可以自信地说，他会像玩多米诺骨牌那样把它们逐一推翻，当然，他并非像小孩那样笨拙生硬地玩耍，而是像大师一样，精心布局，然后优雅自如地操作一切，这一切早就在他的计划之中，但旁观者却看不出任何游戏的意思。

上述争议中有两处重大的、意料之外的问题。首先，力比多并非是常见的那种形态。按照弗洛伊德的分析，这是另外一种力比多，一种目标抑制的（aim-inhibited）力比多。他曾长篇大论地想要将之说清楚，但这些文字却让我们转而关注"自我理想"（ego ideal）这个问题，这个概念乍看之下仿佛和心理世界中最原始、最难以控制的那部分（译者注：力比多）毫无关系。作为一个精神分析术语，这个概念还是能登大雅之堂的。但对于力比多这个话题，这篇文章确实比人们想象的乏味。当我们再次回到父亲这个话题，我们所指的父亲其实是原始族群里、时刻要和危险正面交锋的父亲，而不是俄狄浦斯式的，后面我们会再对这一点进行说明。弗洛伊德也很清楚这一点，态度也很坦诚。这些原始材料将文章的风格带往截然不同的方向，在弗洛伊德的叙述中，原始部落的生活并非是平淡无奇的。但是观点最后的转折却几乎完全抵消了弗洛伊德谈论这一话题的权利，且将之前的精彩阐述也毁掉了，文章结尾变成一位逻辑学者在指出矛盾之处。那些被弗洛伊德刻意留到最后的多米诺骨牌，也最终完成了其宿命，完成终场演出，虽然这一切都是在很多论点被提出来之后才发生的。总之，这个例子告诉我们为何要好好阅读文本而不是只对其妄加揣测。

IV

当读者知道论著的后半段基本都是在讨论"目标抑制的性本能"之后（Freud，1921：139），无疑会感到惊讶——这是弗洛伊德提到的诸多力比多形式中的一种。除了既往的讨论认为"认同"的根源是某种"情感连结"以外，弗洛伊德还提出，虽然大部分"目标抑制的冲动"其基本目的就是追求性满足，但是现在它们就不会像之前这么明显了。冲动被压抑、不再追求满足不只是当下的情况，以后也会如此。

如果读者对此感到惊讶，弗洛伊德自己也不例外。的确，如果不停下来说明以下内容，他甚至无法对心理发展的这个方面做出解释，这使得他的叙述风格发生重大转变，而不再是现在这样恰当的、解释性的口吻。在他将"力比多"作为解释思路之后，他（Freud，1921：91）写道：

> 我们认为……当"爱"（love）这个词被创造并被赋予诸多用法以后，人类语言体系也因为它的存在历经一次整合。因此，我们最好也将"爱"当成我们进行科学讨论的基础。做出这个决定之后，精神分析内部的一些愤怒也释放了很多，仿佛为此前那些粗鲁的创新而感到内疚一样。
>
> 很多"有教养的"人认为精神分析的专业术语带有侮辱性质，并用"泛性论"的调调来攻击精神分析流派。如果一个人认为性是人性中很不堪且羞耻的一面，那么他完全可以自由选择"爱欲"（Eros）和"爱欲的"（erotic）这种文雅的表达方式取而代之。我当然也可以这么做，因为这样最安全，也不会招来那么多反对意见。但是我不想如此，在这个问题上，我不想做出让步。你永远不知道你的选择会给你带来什么样的后果。如果刚开始在言语上做出妥协，那么接着就会在本质上一点一点地做出让步。我看不出性耻感有什么好处；希腊单词"爱欲"确实更加文雅，不至于让大众产生被冒犯的感觉，可它终究只不过是德语中"爱"（Liebe）的一个译法而已。最后，我想说的是，知道如何等待的人，不必让步。

需要提醒大家一下，这不只是随随便便的一段插话。如果文章接下来的论著是平淡无奇的（这点只有弗洛伊德知道），它需要费一番力气好好研读一下。

容我暂时离题一下。在 4 页之后，还有一次与之类似的情感表露。在此前，弗洛伊德已经解释了那些可能导致他有这些反应的因素。在讨论了教会与军队中也存在的"力比多连结"之后，论著后半部分开始对恐慌进行讨论。在这一部分，弗洛伊德随意地将话题转向同盟国战败的话题，并将其归因于普鲁士军队"缺乏心理学知识"，也就是说，军队领导者并没有对追随者们展现出应有的爱。这段情感流露以此结束（Freud，1921：95）：

如果早一点认识到力比多对这一问题的重要影响，美国总统在"战后十四点"计划中提出的异想天开的承诺也不会轻易地取信于人，军队这一绝佳的工具也不会在德军将领手中瓦解。

在英文版中，这一段标记在脚注中。

现在我们再次回到文本，此时，文章又回归"轻松"的风格，这一段主要论述的是教会和军队。一个备受争议的观点是：正是力比多将群体成员连结在一起。弗洛伊德认为除了"爱"以外，没有别的东西会使个体放弃对个人利益的追求。此段论述最吸引人的地方和恐慌现象有关，比如战场恐慌。弗洛伊德在此处以麦克杜格尔的话作为结尾（Freud，1921：96-97）：

麦克杜格尔曾将恐慌（虽然不是军队中的恐慌）当作典型的、具有强烈情绪感染性（primary induction）的例证，并对此特别强调。但是这个理性的解释在这里是不够的。最需要解释的问题是恐惧为什么可以如此强烈。危险的程度与如此强大的恐惧是不匹配的，无法单纯用危险来解释，因为感到恐慌的军队之前可能已经经历过同样的或者更大的危险，并且成功战胜了它们。如果恐慌的个体仅仅是因为自己而产生强烈的担忧，这说明：一直以来使危险对他来说不足为惧的这种情绪连结已经不复存在了。因为他要独自面对危险，危险自然就显得特别强大。事实上，恐慌的前提是群体内部力比多连结的松散，恐惧是对这种松散的合理反应。因此，这种说法驳斥了与之相悖的观点：面对危险所产生的恐惧摧毁了群体的力比多连结。

那些像麦克杜格尔一样认为把恐慌视为"群体心理"最常见功能之一的人，都会面临一个矛盾，即群体心理会在非常强烈的表现中自行瓦解。我们相信恐慌意味着群体的崩解，其中也包含着群体成员对彼此之间不再进行情感表露。

自此，弗洛伊德开始描绘教会或军队成员的双重情感连结：与其他成员的连结和与领导者的连结（在教会中，领导者就是耶稣）。但是，我们很难用力比多理论来解释这些情感连结，弗洛伊德在读者还没来得及想清楚之前，就快人一步地做出诠释：不管在教会还是军队中，我们都未能发现明显的性欲联系——至少这种联系未曾被认可。这是弗洛伊德首次在论述中谈及目标抑制的力比多，在此前这个概念都很少被提到（Freud，1921：103）：

　　因为对此抱有兴趣，我们开始关注一个急需解决的问题：群体情感连结的本质到底是什么。既往精神分析对神经症的研究几乎一直关注基于爱本能（love instinct）的客体连结，这些爱本能以性满足为最终目的。在群体中，当然也存在追求性欲满足的目的。但我们此处关心的爱本能其实已经和其性欲目的逐渐分离，尽管其强度丝毫未减弱。现在，在性欲客体投注理论框架内，我们可以观察到本能从性欲目的上逐渐分离的现象。我们曾将其描述为"陷入爱恋"（being in love）。

　　"陷入爱恋"这个概念被提及很显然是为了支撑"爱本能已经从性欲目的上分离"这一观点。这让人感到好奇。但是，在弗洛伊德充分阐述这种关系之前，他必须先讨论"认同"这一概念，即通过认同的方式，力比多连结可以从各种形式的本能目标中转移开。至于为什么先讨论"认同"这一概念，或许只有在合适的时机人们才会知晓。就目前来说，读者必须等待并相信这样的安排自有其道理，就让我们继续吧。

　　在接下来的"认同"这一章中，弗洛伊德谈了很多，从早期小男孩与父亲的连结开始，一直讨论到认同可以通过不同的方式与客体结合、替代客体或追求客体；最终，他对"自我理想"进行了简短的讨论，这个概念此前在《论自恋》（*On Narcissism*）（Freud，1914）与《哀悼与忧郁》（*Mourning and Melancholia*）（Freud，1917）中被提出来（Freud，1921：110）：

基于之前的讨论我们提出假设：自我可以发展出某种机制，它和自我的其他部分相互分离相互冲突。我们称之为"自我理想"，它有着自我监督、道德约束、梦境审查和压抑的功能。我们曾认为，它是原始自恋（original narcissism）（儿童期幼小自我的自给自足）的产物。在环境的影响下，它逐渐将环境加诸于自我的要求和自我通常无法达成的需求汇集起来。所以，当个体对现实中的自我不满意时，他仍可以在自我理想（从自我中分化出来）中得到满足。

搞清楚"认同"和"自我理想"两个概念后，弗洛伊德再重新谈论"陷入爱恋"的问题。他认为"陷入爱恋"的主要存在形式也是目标抑制的，这个想法还是相当迎合实际的（Freud，1921：111）：

在某些情况下，"陷入爱恋"是一种客体投注状态，即将性本能投注于客体以寻求直接的性满足，当目的达成之后这种投注就停止了，这就是所谓通俗的、感官式的爱。但是，力比多问题不可能这么简单。可以确定的是，有些需求即便终止了，也可能再度复苏；这是个体和某个性爱客体保持长期投注关系的重要动机，也是为什么在欲望得以满足、激情退却的间歇期还要保持爱恋的主要原因。

弗洛伊德这段话，就好像工薪阶层的母亲对女儿说：如果一个男孩真的爱你，那么即使你拒绝他们，他也还是爱你的。事实上，弗洛伊德作为一位优秀的心理学家，他的意见当然是正确的，男孩更加爱你也就意味着他爱你的一切。这让他解开了论著中两个未解决的谜题（Freud，1921：112-113）：

在"陷入爱恋"这个问题上，我们常常因为对性的过分重视而陷入困惑。当我过分重视性的时候，就出现这样一个事实：被爱客体在一定程度上免于批评，相比其他不被爱的客体而言，或者相比过去不被爱的自己，被爱客体或目前被爱的自己的所有特质都更被重视。如果感官冲动或多或少被压抑或者搁置一旁，就会产生错觉，即客体是因内在价值而获得感官之爱。与之相反的观点是，当客体具有感官吸引力时，其才会被赋予这些内在品质。

上述例子中个体对某客体给予过高的判断倾向就是"理想化"（idealization）。我们以对待自我的方式对待客体，当我们陷入爱恋时，自恋力比多就会投射到被爱客体上。观察周遭的恋人或他人关于爱的选择，我们都能深刻地感知到这种现象：客体成为我们自己未达成的自我理想的替代物。我们爱上的某客体，本质上是爱上自我想要努力达成的某种完美（但并未做到），我们只是以迂回的方式来满足我们的自恋。

如果对性欲的高估与陷入爱恋的状态进一步增强，就更有利于我们理解上述问题。在这种情况下，以直接追求性满足为目的的冲动被暂时搁置，变得不那么明显了。举个常见的例子，比如年轻男性对爱人一往情深，他发觉恋爱中的自我越发卑微，爱人在其眼中却越发出众与珍贵，直到最后，对爱人的迷恋超越了对自我的迷恋，接下来，自我牺牲成了一种自然而然的结果。也就是说，客体逐渐消耗掉了自我……

这种情况在不幸福、不满足的爱恋关系中更常见。不管如何，性欲每被满足一次，我们对性欲的高估就会下降一些。自我对客体的"全心投入"，就好像对抽象信仰的升华式的投入。与之同时发生的是，自我理想的功能也停止了运作，包括其判断和批判功能。在这种情况下，客体所做的、所要求的一切都是正确的、无可指责的。理性自我的良知督查功能无法指导其为了客体而做的任何事情。在盲目的爱里，人们无怨无悔地付出甚至达到犯罪的程度。所有这一切都可以用一句话解释：客体被置于自我理想的位置上。

搞清楚这些内容，剩下的事情就好办了，我们只消把用它们来对应解释某些问题就好。第一个问题：催眠式的关系，相当于群体连结（Freud，1921：115）：

催眠关系（hypnotic relation）是某个体对爱人无条件的全心投入，但不包括性满足；但是在"陷入爱恋"时，这种性满足只会被暂时搁置，作为将来的目的，在合适的时机将其满足。

另一方面，我们也可以说，催眠关系是涉及两个成员的群体形成。其实，把催眠关系和群体形成进行比较并不准确，因为它们两个本是一回事。催眠关系只是不包含复杂群体组织中的元素——个体对领导者的行为。催眠关系和群体形成的主要区别就是成员数量的限制，就像它和陷入爱恋的主要区别在于不追求直接的性满足。因此，就这方面来说，它介于这两者之间。

有趣的是，正是这些目标抑制的性冲动，才使得人们之间的联系得以长期保持。我们可以通过一个事实更好地理解这一点：被压抑的状况下，性冲动总是无法被完全满足，其能量不会衰减，而那些未被压抑的性冲动，其能量会在每次达成满足之后衰减。这就是为什么感官式爱恋在性欲得到满足时注定要熄灭；要将这种情感维持下去，就必须从一开始就和纯粹的情感元素相结合（结合了情感元素，直接性冲动就可能变成目标抑制的性冲动），或者必须发生类似的转化。

第二个问题，也是我们面临的另一个更为重要的问题，就是个体与领导者的关系本质，以及其在群体成员相互认同中所扮演的角色（Freud，1921：116）：

现在我们差不多了解了群体的力比多结构，至少了解了到目前为止我们所讨论的群体——那些拥有一位领导者，却因为太过"组织性"而无法保持个体独特性的这种群体。"这种初级群体由这样一群个体组成，他们将其中同一个客体摆放在其自我理想的位置上，之后彼此之间相互认同。"

"陷入爱恋与催眠中"这一章最后以斜体字形式对上述论点进行了最终

阐述。这是弗洛伊德一直想要告诉我们的。虽然他承认其中也有弱点，但是这个论点就此成为论著中的定论。

然而，这个定理却一直笼罩着一层阴影。现在我们开始探讨弗洛伊德论述中的第二个重要且意想不到的问题。个体融入群体（且以如此深的程度）的基础是什么？换句话说，对个体来说，群体为什么如此重要？是哪些特质让个体融入其中？如果我们用弗洛伊德的上述定理重新界定这个问题，我们要问的是：领导者究竟具有怎样的特点让其成员做出如此惊人的反应？群体成员为什么心甘情愿地将领导者置于自我理想的位置上？回答这个问题前，先探讨一下下列问题好像更为容易，比如婴儿养育、理想化父亲的问题，以及对于一个度过俄狄浦斯期的孩子来说，父亲角色是如何走下神坛的。在对上述问题的讨论中，我们最终想要论述的问题就呼之欲出。

然而，弗洛伊德却没有对此给出明确的观点，反而开始关注群体动力系统的根源，开始研究特罗特（Trotter，1916）的论文《群聚本能》（*Herd Instinct*）。特罗特（Trotter，1916）认为，人类渴望归属于某群体的持久冲动（群聚性）是一种本能，它就和自我保护、成长、性等问题一样，是与生俱来的，具有不可削弱的心理能量。弗洛伊德对此观点的辩驳主要基于一些例证，这些例证显示，小孩子明确的群体情感的出现是在外界环境压力下出现的，其心理机制相当于一种反向形成。弗洛伊德给出两个例子（Freud，1921：120）：

因为嫉妒，家庭中比较大的小孩常常会刻意将其弟弟或妹妹冷落一旁，让其接触不到父母亲，并剥夺掉他所有特权；但事实是，那个年幼的小孩（就像所有比较晚出生的人一样）得到的父母关爱和他一样多（不像他想的那样父母更偏爱更小的孩子），由于年长小孩不可能在保持敌意的同时又不损害自己，因此，他最终不得不认同其弟弟或妹妹（译者注：此处即反向形成的过程）。这样，某种群体情感就在一群小孩中滋生了，这种情感在进入学校后会进一步发展。小孩子之所以运用反向形成的心理机制，首先是为获得公平，最初是为了让父母平等地对待所有孩子。我们都体验过，在学校里，小孩子对公平的诉求是多么强烈和重要。他们会想：如果我无法成为那个最被喜爱的人，那么其他人无论如何也不可以成为最被喜爱的人。

这个例子说明，弗洛伊德认为群体精神被反向形成机制所掩盖；不仅如此，群体精神的基础是被压抑的敌意，它是群体产生的真正根源（Freud, 1921: 120-121）：

后来社会中出现的所谓"群体精神"（group spirit）根本无法掩饰其嫉妒根源，它们是嫉妒的衍生物。在群体中，没有人可以搞特殊，所有人都必须是一样的，拥有同样的东西。社会公平就意味着我们必须压抑和克制自己，只有这样，别人也才会这么做。

一个强有力的领导者必须会控制局面，不会让群体坠落到乱七八糟的境地（比如不友善的、肮脏的、下流的），凝聚力差或快速解散（Freud, 1921: 121）：

上文已经讨论过两种人为群体，即教会和军队，这两种群体的先决条件是：所有成员都必须以同样的方式获得领导者同样的爱。但是我们不要忘了，群体对于公平的诉求只适用于成员，不适用于领导者。所有的成员都必须与其他成员平等，但同时他们都被领导者所管理。大多数人讲平等（这一部分人彼此认同），而某个人（领导者）却高高在上——这就是要维持群体存在所必须满足的状况。

之后弗洛伊德不再关注群体精神的根源，而是灵巧地将话锋转向为什么等了这么久才开始讨论特罗特，他可以更早地将他与麦克杜格尔、勒庞放在一起讨论的。显然，这位未来的歌德奖获得者（译者注：弗洛伊德荣获1930年歌德奖）想要将高潮保留至此（Freud, 1921: 121）：

接下来，让我们冒昧地修正一下特罗特的观点，他认为人类是群聚动物（a herd animal），我认为人类应该是部族动物（a horde animal），是由首领

所领导的部族。

V

现在，我们谈论最后一个问题——原始族群（primal horde）。弗洛伊德借由一位评论家的评论（评论员称其理论"不过如此"）非常友善地开启了对这个问题的讨论。虽然友善，但弗洛伊德的态度还是严肃的。正是"原始族群"，种族发生的传承，最终解答了我们的疑问：群体和领导者究竟具有什么样的特质才吸引个体融入群体中（Freud, 1921: 123）？

对我们来说，群体是原始族群的再现。就好像所有人都具有原始人的某些特质一样，原始族群的特质也显现在任何随意结合的群体中。只要人们习惯性地接受群体形成的支配，我们就会在其中发现原始族群的特质。我们必须承认：群体心理学是最古老的人类心理学；个体心理学是在我们忽略群体特性的基础上孤立出来的分支，它是慢慢从古老的群体心理学分离、发展并逐渐受到瞩目的。这个过程是渐进的、可能也是不完全的。未来我们应该大胆地探索个体心理学是什么时候从群体心理学中分离出来的。

我们要在此处暂停一下，因为这个段落并不像现代读者所认为的那样通俗和清晰（原本承诺要补充说明个体心理学发展是何时从群体心理学分离出来的，文章结尾确实提到了，但是非常晦涩难懂）。弗洛伊德以及同时代的读者假定： 19 世纪与 20 世纪初的科学（它是许多专业领域的混合物，从哲学与比较神学，到人类学、心理学与精神医学）发现，可能或多或少也是事实，即最早的人类已经拥有相当完整的集体心理（communal mentality），而且也被这种心理状态所控制。集体心理阶段发生在最古老的神话"大母神"（the Great Mother）以及后来的"父神"（Father God）所发生的时代背景之前。这类神话的主题正是"人类"（the people）的起源。群体意识是最先发展起来的，这一说法曾一度成为学术界共识。后来，随着各科学

领域的发展，这种共识逐渐瓦解，但弗洛伊德却几乎没有因为对这种状况缺乏预见性而受到责备；而有自我意识的个体的出现，即具备心理发展可能性的个体，其出现可以追溯到比较近的史前时代，即"英雄"神话开始出现的时代。这段时期介于我们所处的时代（个体心理学存在且成为心理学重点研究对象的时代)和集体心理状态（个体心理学尚未出现）的那个古老时代之间。

弗洛伊德想要在当时的普遍共识（我们从祖先集体心理状态的演化可能是不完整的）之外，添加他自己所认为的中间阶段。这个阶段即原始族群的心理状态。弗洛伊德认为，这种状态的残迹令群体生活充满活力。弗洛伊德的文笔是非常生动的。在部族中，只有父亲才有资格拥有个体性。弗洛伊德将这个形象描述得栩栩如生 （Freud, 1921: 123)：

原始族群的父亲们是自由的、无拘无束的。他的智力活动强烈、独立、甚至是孤立的。他的意志和别人无关，不受他人的影响。他除了自己谁都不爱，或者说，他只爱自己和那些服侍他并满足他需要的人。

在人类历史的最早期，这个形象正是尼采认为未来会出现的"超人"。

弗洛伊德对原始族群生活的描述栩栩如生。不管真相如此，还是沦为别人眼中"不过如此"的故事，弗洛伊德的描述生动得就好像他曾在那个时代生活过似的 （Freud, 1921: 124)：

一开始，原始族群父亲的地位还没有那么神圣和不朽，他是后来才被神化的。如果他死了，他必须被取代；他的位置可能被最年轻的儿子所取代，在此之前，这个儿子就像其他人一样，只是群体中的一分子而已。因此，这里面就必然存在着群体心理学逐渐转化为个体心理学的可能性；但必须要促成这种转化的条件，就像蜜蜂在必要时可以将幼虫转化为蜂王而不是工蜂一样。我们只能想到一种可能：原始父亲禁止儿子们直接满足其性冲动，强迫他们自我节制，并且与其他儿子建立情感连结，而这种情感连结的本质就是被压抑的性冲动。也就是说，原始父亲们强迫儿子们踏入群体，群体心理就

这样产生了。他对性的嫉妒与不容，促使群体心理应运而生。

弗洛伊德的比喻有点难懂。原始父亲所给予其追随者的是节欲和克制，而蜜蜂投喂其幼虫的是蜂王浆，这可完全不是一回事。蜜蜂给幼虫蜂王浆，把其养育为蜂王，但原始的父亲做的事情却与之相反，他的行为是让其子孙无法成为继承人。其中的含义是：他死后，儿孙不需要再克制性欲，因此而获得的交配权才是真正帮助其成为继承者的"蜂王浆"。除了这个比喻之外，论著还有很多值得关注的细节。例如：继承领导者身份的"最年轻的儿子"，这是一个新的概念，这一点在《图腾与禁忌》（Freud，1913）中并未提到。儿子被迫节欲和克制并不是新的概念，但是这种剥夺却能迫使他们彼此产生情感连结，这是新的概念，等等。

但我们不要忽视重点：个体投入某个群体并任由领导者随便支配（确切地说，是将领导者放在自我理想的位置的倾向），借此和其他成员相互认同，这一过程中表现出的退行其实是对原始族群某些特征的继承。再重复一次："只要人们习惯性地接受群体的支配，我们就会在其中发现原始族群的特质。"（Freud，1921：123）

弗洛伊德还没有全部说完。为了逻辑的完整性，他觉得有必要将催眠和催眠师背后原始父亲形象的复活联系起来。由于某些不是很清楚的理由，他又觉得应该再多讲一讲自我理想这个话题，因此他又做了一些论述。

VI

这一篇文本理解起来确实不容易。当代读者对其中某些关键概念并不熟悉，以至于不得不反复告诉自己"这毕竟是弗洛伊德写的书"。比如，"目标抑制的性本能"这个概念，想必连弗洛伊德都多少察觉到晦涩。因此，在"后记"中，他提到（Freud，1921：157）："这篇论文有很多篇幅提到直接的性本能和目标抑制的性本能，希望这种区分不会让大家在理解的过程中有太多阻力。"这种交代值得一提。同样值得一提的是这部作品产生的背景。

因为弗洛伊德在此处用的是"论文"一词，而不是"文本""书"或者"卷"。之所以选这个词可能是因为弗洛伊德一直都有产生某个"灵感"后立刻将其记录下来并写成一片小论文的习惯。在这篇论文中，让人惊讶的是，目标抑制的性本能已经是其原有灵感中的一部分。

和以前一样，弗洛伊德似乎总是想用一种插科打诨的调调写出自己想要表达的东西。比如，在转移话题的时候，他会立刻安慰读者，他这么做绝不代表他没有察觉到情感连结的性本质。正如下面这段话（Freud，1921：138）：

如果所谓的心理学不能理解压抑以及被压抑表面掩饰的真实本质，那么它就会将情感连结视为没有性目的的冲动的一贯表现，尽管情感连结的本质是以性为目的的冲动。

这段不满的论述是针对艾尔弗雷德·阿德勒（Alfred Adler）的。

另外两个需要解释的概念是"认同"和"自我理想"。对于当代读者来说，问题不在于我们不习惯弗洛伊德用这些术语来阐述理论，而在于我们对其太过习惯——但不是针对这篇论著。在弗洛伊德的元心理论著《自我与本我》（Freud，1923）（想必临床医生与一般读者对这篇文章都比较熟悉了）中，"认同"和"自我理想"两个概念同时被提及。在作品中，弗洛伊德提到"认同"来自口欲期客体投注（oral object cathexis）。更重要的是，他还用同义词"超我"代替"自我理想"，此后"超我"逐渐成为一个被偏爱的术语，尽管它们在本质上几乎是一回事。

不过，自我理想和超我之间也有一点细微差异：与前者不同，超我来自俄狄浦斯情结，或者是俄狄浦斯情结顺其自然的产物（Freud，1921：48）。它不仅包括孩子想要效仿父亲的愿望，还包括在某些方面不被准许与父亲相像的禁令。相反，虽然自我理想被个体对父亲的认同修正过，但弗洛伊德（Freud，1921）认为，自我理想在俄狄浦斯期之前就出现了。它是孩童原始自恋的产物。综上所述，虽然两者的起源差异非常细微，但它的确影响了弗洛伊德的用词以及我们的阅读。对读者来说，更大的问题是，他们对"超我"这个比较新颖的术语更熟悉，用起来也更舒服。弗洛伊德使用旧的术语"自我理想"似乎有点偏离了方向。这显然不是弗洛伊德的错。

接下来探讨"原始族群"这一术语。现代读者并不是真的对"原始族群的父亲"感兴趣，当他们读到这个讲述原始父亲在无意识层面回归的部分，就会觉得索然无味。但是弗洛伊德对此话题相当热衷，以至于在后记中，他用相当长的篇幅描述了原始族群的生活，还专门提到他的叙述受到兰克（Rank）的启发，好像兰克也曾经在那个时代生活过似的。

弗洛伊德在后记中那一段文字，主要探索一个不同于原始父亲的其他人，或者原始父亲的继任者，是如何发展出个体性的。他或许正是创作出第一个英雄神话的诗人，这个神话的主题很可能来源于前文提到的那个"最年轻的儿子"，他是"母亲最喜爱的孩子，母亲保护他免受嫉妒的伤害，在原始族群的时代中，他顺理成章地成为父亲的继任者"（Freud，1921：136）。英雄神话是作者与读者通过想象对英雄产生认同，进而从群体心理中发展出个体感的方式。这个过程造就了诗人，虽然明显不是国王（扑克牌中的K），但比骑士（J）好些，也有可能是高手（A）。此后，弗洛伊德的分析主要集中于史前时期，也就是原始时期前后。

不管怎么说，这一部分是很晦涩的，我也只能对其核心内容进行说明。如果我们对之前的共识有更多了解，而且能够将神话故事的设置和史前人类的生活对应起来话，对这段内容的理解可能相对容易。遗憾的是，并没有太多篇幅来讨论。带着这样的遗憾，我的阐述暂告一段落，以留出对弗洛伊德（与兰克）某个激进且有争议性的附加建议进行批注的篇幅。如果诗人的出现是确定性事件，且在神话记载中占有一席之地，那么所有的神话将因此被重新安排以顺应诗人所创造出来的英雄故事。所以，神话故事的秩序将因此大乱，被这种诗意的发展弄得乱七八糟，以配合弗洛伊德关于原始族群演化发展的年代表。或者这也是有争议的。给出其他已被验证的结论会使现代读者因为有更多了解而没耐心，但这种后现代的方式也可能引起他们更多的兴趣。

即便没有对原始族群生活的晦涩论述，"后记"也是精华之作。弗洛伊德一直有新的想法要表达，哪怕可能让其之前的观点受到挑战。特别的是，他认为神经症的基础是被压抑却依然活跃的性冲动，在某种场合下也可以指目标抑制的性本能，尽管这种抑制并不稳固且会被解除。不管是哪一种状况，参与群体的能量都会比较少（Freud, 1921: 142）：

　　与此一致的是，神经症会使患者变得不合群，使他们对群体的参与度下降，或者说从某群体中孤立出来。也可以说，神经症和陷入爱恋一样，对群体有一定程度的瓦解效果。另外，当一股强大的动力被注入群体时，神经症会减弱，甚至会暂时消失。因此，有人试图通过扭转神经症与群体形成之间的对抗情况而追求心理治疗效果。就连那些对宗教幻象从当前文明世界中消失都不会感到遗憾的人都承认：只要他们有能力，他们就会为那些饱受神经症折磨的患者们提供最有力的保护，以对抗疾患的危害。不难看出，将人们与神秘宗教或哲学宗教的宗派与社团相联系的纽带，正是所有神经症的处方。

　　将神经症放置于另一端点的情况，在文章的最后再度出现。弗洛伊德从力比多理论的视角，简明描述了几种不同的心理状态，并以此结束文章（Freud, 1921: 142-143）：

　　"陷入爱恋"的基础是，同时存在的直接的性冲动和目标抑制的性冲动。被爱恋的客体将主体的自恋性自我原欲的一部分转移到自己身上。在这种情况下，就只容得下自我以及客体。

　　"催眠"和"陷入爱恋"相似的地方是只涉及两个人，但催眠的基础完全是目标抑制的性冲动，并且将客体完全放置在自我理想的位置上。

　　"群体"强化了这个过程；它和催眠一致的是：以目标抑制的性冲动为基础，且客体被放置于自我理想的位置。除此之外，它又加入了群体成员相互之间的认同，这或许因为他们都和客体有着一样的关系所致。

催眠和群体形成都是人类力比多进化发展的产物。催眠是或许仅仅具有一种倾向，群体则是更为直接的表达。在这两种情况下，用目标抑制的性冲动取代直接性冲动，会促使自我与自我理想的分离，这种分离在陷入爱恋的状态中已经开始显现出来。

"神经症"不在此系列中。它同样是基于人类力比多发展中的独特性——直接性冲动两度重复性地展开，中间间隔着潜伏期。它之所以与催眠和群体形成类似，在于其退行的特点，而退行性在陷入爱恋的状态中是不存在的。当直接性本能转化为目标抑制的性本能的过程受阻时，神经症就会出现；神经症代表着冲突的存在，冲突的原因是很多被压抑的潜意识的力量，像被压抑的本能冲动一样，努力寻求满足。神经症的内容非常丰富，因为它包含自我与客体之间所有可能的关系（包括被保留的、被抛弃的客体，或者在自我内部建立起来的客体），以及自我与自我理想之间的冲突。

<hr />

VII

现在，让我们开始最后一章，这部分内容也有些不走寻常路。让我们回想一下刚开始读者初读文本时的误解。群体行为，更确切地说，群众行为，似乎是具有弗洛伊德般睿智、又像他那样洞悉人性阴暗面的心理学家自然会感兴趣的领域。一般而言，对神经症以及异常心理感兴趣的理论学家同样也会对群体、群众运动以及大多数集体的各种非理性行为感兴趣。但是，事情往往不按预期发展。到头来，理论家还是驳斥了自己的论点。弗洛伊德最终不得不得出结论：神经症是另一桩事情，和群体行为无关，具有完全不同的特质。

讲到这里，逻辑学家们就有话要说了。力比多理论的价值不就是要解释神经症的动机结构吗？如果神经症和群体行为是完全不同的两回事，那么我们又凭什么用力比多理论去解释群体行为？针对这个问题，弗洛伊德或许会说：力比多理论可以解释群体的动机结构，如同《群体心理学》书中所说的那样。逻辑学家则认为：力比多理论被过度扩展了，如果包含的力比多冲动不像过去那样具有力比多性，这个理论也就不能再被称为力比多理论了。弗洛伊德坚称，只要它们曾经具有力比多性就可以被容纳进来。逻辑学家又驳斥道，这是起源的谬误。他们各说各的，就像两个舞步并不协调的人硬要跳一段探戈一样。

让我们跳脱出来分析问题。我个人站在逻辑学家那一方，可是这无关紧要。我怀疑弗洛伊德也是如此，因此当"目标抑制的冲动"出现时，他有时候会表示反抗，但是这也一样无关紧要。因为让群体聚在一起的各种连结，除了命令以外，并不一定是具有力比多特性的，但是在大多数情况下，这套心理学理论是有效的——这也是本文的秘密之一。其他的动机系统也可以发挥作用，只要它们在活跃的时候是具有影响力的，在有利的条件下可以默默持续下去，并可以表现为互补的角色。

除了动机系统可以被引发出来，其他的动力也可以被想象。人们可以从多种角度理解文本，更有很多方式去理解客体关系。欧内斯特·琼斯最适合评价威尔弗雷德·特罗特的作品，这当然有很多理由，不仅仅是他对其中很多议题特别感兴趣，他和威尔弗雷德·特罗特私交甚密。然而，在琼斯《弗洛伊德：其人与其工作》（*life and work*）整整三卷书中，他并未对此加以评论，只是义务性地进行摘述。但是，这篇摘述是优秀的。在最后一段中，扩展的工作已然展开：

"这本书的后半部分有许多关于自我心理学的新想法，这些想法在弗洛伊德几年后出版的《自我与本我》中有比较完整的论述。他的主要论点是领导者的理想形象必须和其追随者的自我理想保持一致。自我和自我理想之间的摆荡关系可以解释群体生活中的各种不稳定与变化（Jones，1957：339）"。

我们并不知道弗洛伊德是否看到了更多解读的空间。不过，他很快就对这本书感到不满，并在两年后写给费伦奇的信中表达了自己的观点。格罗斯库特（Grosskurth，1991：129）说："对于《群体心理学》一书……弗洛伊

德认为它内容琐碎，文本晦涩，不清晰，写得也不好。"

从短期来看，从这个论著中获益最多的人可能就是翻译者。我们一般不将《群体心理学与自我分析》和史崔齐（Strachey， 1934）讨论突变解释（mutative interpretation）的重要论文联系在一起，在这篇文章中，史崔齐提出，病人将分析师内化为更完美的超我。但是他为什么选择使用"超我"而非"自我理想"？为什么是"分析双方"而非"两人组成的群体"？尽管史崔齐的翻译饱受争议，但是如果他知道自己提出的治疗理论已经得到有力的实证支持也会倍感欣慰。当然，要宣扬这些理论，他必须要接纳一些用词的改变。研究显示：（病人）在咨询关系中获益，与其将治疗师内化为一个支持性的内在形象是高度相关的，在痛苦的时候，他们就可以想象向内心里的这个人物形象进行咨询（Wzontek & Geller & Farber，1995）。我不认为译者会介意这样说。

格罗斯库特（Grosskurth，1991）从一位历史学家的视角以一种不同且饱含争议的隐晦方式对本文进行解读。就像其他关于此书起源的种种揣测，她也无法证明自己的说法。但是她的想法还是比较有趣的。她很好奇，难道弗洛伊德不认为《群体心理学》是要向秘密委员会发出的某种信息？秘密委员会在第一次世界大战后发展迅速，并开始对如何适当运作发生争执。这部作品刚好出版于1921年哈茨山会议之前。

关于这一点，我们无从得知。秘密委员会和弗洛伊德所说的"军队与教会"有类似的性质。格罗斯库特的说法和弗洛伊德的领导风格是吻合的，但是要验证这一点却需要怀着高度的期望不断分析。说到底，这也只是一个无法验证的假说。再进一步，如果弗洛伊德也想用"最年轻的儿子"的说法让业内人士注意兰克（没有证据显示他成功了），这将是一个错误。后来兰克很快得到组织成员们的注意，但不是他或弗洛伊德原本希望的那样。

这里出现了另一种有关解释可能性的扩展。这项解释却是真正发生过的。弗洛伊德和兰克曾经以父亲和儿子的角度来看待群体，弑父是最糟糕的结果。但群体大多数和兄弟们相关，其罪行可能是兄弟中的一人被其他人所杀。不幸的是，这种说法在弗洛伊德和其秘密委员会身上应验了。秘密委员会是一个杀人机器，设立的目的是要杀掉弗洛伊德的非犹太儿子——荣格。

最后它杀掉了他的犹太儿子——兰克。

群体有时候会做一些糟糕的事情。弗洛伊德当然知道这一点。最后让我们再说一说他是如何知道这一点的。我们说过，本文最后有些奇怪，弗洛伊德不再讨论神经症，起初我们还认为他会借着神经症去探索群体的非理性行为，可是他终究没有这么做。这是本文的另一个秘密，个中原因值得细细品味。他最后选择借着原始族群去探索群体心理学。

最后，哲学家丹尼尔·丹尼特（Daniel Dennett, 1995）在《达尔文的危险想法》（*Darwin's Dangerous Idea*）一书中，又打破了平静。因为他尖锐地指出，在演化产生的逻辑中所谓好、真实、美的概念，用因果关系推论合理并普遍应用，不可能是绝对的。演化产生的规律、标准或者偏好，只是因为他们促成我们的演化，在我们的演化中以某些已知或者未知的方式，一直受到偏好。

弗洛伊德的思想是海克尔式（海因里希·海克尔，德国生物胚胎学家，达尔文的忠实追随者——译者注），而非达尔文式的（我们暂不讨论这种差异）。但是有关生存的种系发生论推理中，他和丹尼特抱持同样的立场。只不过弗洛伊德关注的是群体。说到底，他的立场是：不管我们如何管理自己，不管我们多努力地修饰作为群体成员的行为让其更加理性（按韦伯的观点），无论我们如何认真地践行作为领导者与成员的义务，其结果在本质上都会带着一些非理性色彩。这种非理性，如同福柯（Foucault）所说的无理性（unreason）都源于一个事实：我们对群体的偏好以及我们在群体中的反应都是进化的产物，它几乎无视那些创造出来用以规范自身行为的理性系统，比如《罗伯特议事规则》《日内瓦公约》等。这不是事物如何建立和运作的问题，也不是动机核心的问题。这不是两人群体的问题，也不是两亿人所组成的群体的问题。

这是一个让人惊异并残酷的进化论真相。对于受邀完成此书的作者们来说，非常值得玩味，也值得进一步阐述。但是无论如何，这真的是一篇晦涩难懂的文章。

参 考 文 献

Abraham, H. & Freud, E., eds. (1965), *A Psycho-Analytic Dialogue: The Letters of Sigmund Freud and Karl Abraham, 1907–1926*. New York: Basic Books.

Dennett, D. (1995), *Darwin's Dangerous Idea: Evolution and the Meanings of Life*. New York: Simon & Schuster.

Falzeder, E. & Brabant, E., eds. (1996), *The Correspondence of Sigmund Freud and Sándor Ferenczi, Vol. 2, 1914–1919*. Cambridge, MA: Belknap Press of Harvard University Press.

Freud, S. (1913), *Totem and Taboo. Standard Edition*, 13:1–161. London: Hogarth Press, 1950.

Freud, S. (1914), *On Narcissism: An Introduction. Standard Edition*, 14:73–102. London: Hogarth Press, 1957.

Freud, S. (1917), *Mourning and Melancholia. Standard Edition*, 14: 243–258. London: Hogarth Press, 1957.

Freud, S. (1921), *Group Psychology and the Analysis of the Ego. Standard Edition*, 18:69–143. London: Hogarth Press, 1955.

Freud, S. (1923), *The Ego and the Id. Standard Edition*, 19:12–66. London: Hogarth Press, 1961.

Grosskurth, P. (1991), *The Secret Ring*. Reading, MA: Addison Wesley.

Jones, E. (1957), *The Life and Work of Sigmund Freud, Vol. 3*. New York: Basic Books.

Le Bon, G. (1895), *La Psychologie des Foules*. Paris: Felix Alcan.

McDougall, W. (1920), *The Group Mind*. Cambridge, UK: Cambridge University Press.

Paskauskas, A., ed. (1993), *The Complete Correspondence Between Sigmund Freud and Ernest Jones, 1908–1939*. Cambridge, MA: Harvard University Press.

Strachey, J. (1934), The nature of the therapeutic action of psycho-analysis. In: *The Evolution of Psychoanalytic Technique*, ed. M. S. Bergmann & F. R. Hartman. New York: Basic Books, 1976, pp. 331–360.

Trotter, W. (1916), *Instincts of the Herd in Peace and War*. London: Unwin, 1923.

Wzontek, N., Geller, J. & Farber, B. (1995), Patients' posttermination representations of their psychotherapists. *J. Amer. Acad. Psychoanal.*, 23:395–410.

第二部分

对《群体心理学与自我分析》的讨论

弗洛伊德的《群体心理学》——背景、意义、影响

迪迪埃·安齐厄❶ (Didier Anzieu)

菲利普斯·斯洛特金❷ (Philip Slotkin)（英译者）

背景

《群体心理学》（标准版)的注解中向我们说明了弗洛伊德完成此文的状态。在 1919 年 5 月 12 日写给费伦奇和同年 12 月 2 日写给爱丁根（Eitingon)的信中，弗洛伊德谈到了同样的主题。他在 1920 年 2～9 月期间完成了《群体心理学》的手稿，并将其寄送给上述两位。1921 年 2～3 月间，最终版本定稿，3 月 28 日寄给印刷厂，1921 年 8 月初正式出版。弗洛伊德在 1921 年 8 月 6 日写给亚伯拉罕的信中谈及此事。

这篇论文是在什么背景下诞生的？先来了解一下当时的社会背景。1918 年秋，第一次世界大战结束；1919 年，签署了《凡尔赛条约》及其相关条约；1920 年，奥地利共和国宣告成立。这时，弗洛伊德终于不再担心在战争前线的儿子们的安危了。同时，在德国，希特勒成立"救世军"（纳粹党突击队）；在意大利，墨索里尼成立了"战斗法西斯"的法西斯组织，后来更名法西斯主义，1921 年，法西斯党正式成立；在苏联，反革命势力"白军"战败标志着内战的结束，当地自治区迅速转型为苏维埃社会主义政权；与此同时，奥匈帝国解体，部分区域独立，其他区域则被邻国占领。在

---

❶　迪迪埃·安齐厄：《帕斯卡尔思想录》（*Pensées of Pascal*）古文体第一版的共同编辑。自 1949 年投身于精神分析领域以来，他参与了 1963 年法国精神分析学会（APF）的成立。身为楠泰尔艺术学院心理学教授及 APF 会员，他先后发表过许多关于精神分析理论的作品。他是 IPA 的终身会员，对精神分析理论文献做出重要贡献。

❷　由菲利普斯·斯洛特金翻译。安齐厄博士在完成本章写作后不久就辞世了，因此他并没有提供一些引文的出处，恳请读者谅解。

匈牙利，《特里亚农条约》（1920）剥夺了其大约 2/3 的领土，人口从 2000 多万锐减至 760 万；后来，罗马尼亚的战败，库恩·贝拉主政匈牙利苏维埃共和国，霍尔蒂·米克洛什成立反动政府并宣布摄政。

在费伦奇 50 岁的生日演说中，弗洛伊德提到费伦奇与安东·冯·弗罗因德的合作："他们本想将布达佩斯作为欧洲精神分析的中心，但由于政治灾难与个人不幸，这个希望最终破灭了。"1920 年 1 月，冯·弗罗因德过世；由于当时匈牙利长期与世隔绝的处境，费伦奇也于 1919 年 10 月辞去 IPA 主席职位。在库恩·贝拉主政的苏维埃共和时期（1919 年 3~8 月），费伦奇曾在大学任教，他开设的课程吸引了广大热切的听众。战争导致的领土缩减和资源短缺，战败和贫穷带来的耻辱，使得维也纳长期处在饥荒和动荡中。旧的秩序不断被挑衅，到处一片狼藉。对传统价值的怀疑或许激发了弗洛伊德对其初期理论的质疑。在当时的情况下，维也纳和弗洛伊德都在等待复兴。

1920 年，逻辑学家兼哲学家维特根斯坦（Wittgenstein）于维也纳出版了他首部作品《逻辑哲学论》（*Tractatus Logico-philosophicus*）。

我们再看一下弗洛伊德的个人经历。1920 年，64 岁的弗洛伊德开始对既往提出的概念和理论进行修正。在他 40 多岁的时候，曾一度感到中年危机，而且在通过自我分析创立精神分析学派的过程中，危机感一度达到顶峰。不过，对于衰老的恐惧反而让弗洛伊德更具创造力，他的理论更谨慎，推理更严密，更加注重文本结构，术语更抽象，当然也具有越发自由的想象力，最后一点曾吓坏了许多弗洛伊德的追随者，他们认为弗洛伊德是真的老了，他们拒绝跟着他进行思想探险。

在弗洛伊德的成长过程中，他一直得到家人的重视、信任与支持。1896 年他失去父亲雅各布，1915 年又失去同父异母的哥哥伊曼纽尔（Emmanuel），之后，他每周都会探望母亲阿玛莉亚（1835—1930）。妻子玛莎与姐姐明娜是他永远信任的人。他有六个子女，最年长的已经结婚并为人父母。1920 年，马丁成婚，索菲死于肺炎并留下两个幼儿，其中一个在很小的时候就是个小发明家，发明线轴小游戏。当时，弗洛伊德的小女儿安娜已经 24 岁，他开始因她没有适合的结婚对象而操心。

莫斯科维奇（Moscovici，1991）把弗洛伊德与爱因斯坦进行了类比，爱因斯坦在1919年将狭义相对论修正为广义相对论且于1921年获得诺贝尔物理学奖；弗洛伊德也想获诺贝尔医学奖。两位大师曾经有着令人兴奋的信件往来，信中有弗洛伊德祝贺爱因斯坦获得诺贝尔桂冠的"快乐"，爱因斯坦以同等的语气回应，认为弗洛伊德作为一个思路清晰的精神分析师，应该了解快乐的真谛以及为此付出的代价。但是，弗洛伊德抱怨自己并未获得应有的尊重和崇拜（他认为维也纳和同道应该以他为荣），这一点是他的失误。

1915年，弗洛伊德对元心理学理论的完善差不多奠定了精神分析的理论雏形。1920—1923年间，弗洛伊德出版了三部重要著作并对早期理论进行修正。在《超越快乐原则》（Freud，1920）中，他大胆构思了与力比多截然不同的对立的死本能的存在；在我们现在所关注的《群体心理学与自我分析》（Freud，1921c）这篇文章中，他引入"认同"以及1921年提出的"自我理想"的概念；最后，在《自我与本我》（Freud，1923b）中，他对人格结构（本我、自我、超我）及其运作机制进行重释。《群体心理学》是弗洛伊德有关群体现象研究的第二个贡献，写于《图腾与禁忌》（Freud，1913）之后，文章中弗洛伊德借用了达尔文对原始族群的假设，对年老的、全能的父亲形象的描述，是1921年自我理想概念提出的基础，那时候自我理想尚未与超我概念混用。

由于精神分析只接受个体治疗一种治疗形式，弗洛伊德亲自观察和亲自参与的群体经验来自哪些呢？我们对此不得而知。或许是精神分析各类社团的运作和IPA的伞形组织（内部群体压力，成员和观念之间的冲突，次级群体的形成、竞争敌对、驱逐、领导权斗争等）等奠定了弗洛伊德对群体心理学反思的现实基础。

1921年，弗洛伊德写文章的时候发现，他对精神分析组织功能和体制问题与卡尔·亚伯拉罕的观点略有不同。具体内容参见两者于1920年6月21日、27日与7月4日的通信。此外，亚伯拉罕、爱丁根、费伦奇、荣格、兰克和萨克斯（Sachs）都隶属于秘密委员会，其目的是组成小型的、可信任的精神分析师小组，如宫廷侍卫般支持并维护弗洛伊德。

费伦奇对弗洛伊德文章的评论

弗洛伊德的文章标题多具二元性，比如《群体心理学与自我分析》既可视为弗洛伊德对群体心理学的贡献，也可以理解为对自我这一概念的重释。因此，费伦奇（Ferenczi，1922：371）在评论开始就提出选择哪个议题进行讨论确实让他犯难。他强调弗洛伊德认识上的逆转："个体心理学即精神分析理论的诸多发现，是揭开群体心理（艺术、宗教、神话等）复杂现象的基础，我们还尚未习惯这样的说法，弗洛伊德近期的《群体心理学》又动摇了我们的信心。"费伦奇在其评论文章的三个部分阐述了弗洛伊德认识上的转变。

第一部分，他指出弗洛伊德推翻了过去认为群体现象只来自一大群人组成的群体的陈腐思想。费伦奇提出，群体现象也可以发生于小群体（比如家庭），甚至发生于个体与另一个体的关系中，比如，发生在众所周知但无法解释的催眠与暗示现象中（Ferenczi，1922：372）：

弗洛伊德认为，催眠倾向可以追溯到原始人类。在原始族群，父亲作为领导者，有着让人敬畏恐惧的眼神，他掌握着所有家庭成员的生杀大权，控制着每一个成员，施加了近乎麻痹的效果，禁制他们任何独立思考和行动。现如今，催眠者的眼睛对被催眠者仍有同样的效果，催眠的效果来自于对催眠者眼神的恐惧。

尽管没有直接引述原文，费伦奇在此处参照的是弗洛伊德在《图腾与禁忌》（Freud，1913）中提出的原始族群父亲的假设。

费伦奇指出：根据弗洛伊德的观点，受暗示性（suggestibility）取决于被催眠者被催眠的能力，这不仅是个体在婴儿期被严厉父亲所激发的焦虑残迹，也是原始族群中，个体面对令人敬畏的领导者时感受的重现。

费伦奇在评论的第二部分指出，弗洛伊德的文章证明了"自我和力比多发展的新阶段"（Ferenczi，1922：373）。在超越儿童期与人类原始自恋之后，自我发展到更高级别，介于自我（以原始自恋为特征）以及"自我理想"（人类发展出用以规范自身品行的内在典范）之间。自我理想执行重要的功能，例如现实检验、良知、自我监督以及对梦的审查，同时也是"压抑"心理机制产生的基础，压抑对神经症的形成有至关重要的作用。

费伦奇认为，除了弗洛伊德（Freud，1905)在《性学三论》中提出的力比多发展阶段之外，自我还存在着其他阶段，它们处于口欲期、肛欲期（此二者的本质是自恋）与生殖期（客体爱恋期）之间。整合弗洛伊德最初的观点以及费伦奇对其观点的补充，我们发现了一个特别的力比多过程，即"认同"。外在客体被"整合"进来，这当然不是说现实中的蚕食同类，而是在想象中内摄他人的特性，并归为自我所有。由于费伦奇本人的低调和他对弗洛伊德的敬重，他并未说明内摄（introjection)的概念本是他提出来而后被弗洛伊德采纳的。如果在认同期发生固着，就会导致后面客体爱恋期的退行。认同与内摄的新概念，让费伦奇对精神分析理论的某些观点进行了修订。

男同性恋就是从客体爱恋期退行到更早期的认同：他们不把女性当成外在的爱恋客体，而是将其内摄到自我中并置于自我理想的位置。"如此一来男性变成了女性，并寻求另外一个男性，从而以颠倒的形式重建原始的异性恋关系。"(Ferenczi，1922：374)

费伦奇进一步提到，妄想症不只是和父亲（同性恋）关系的混乱，也是和性无关的社会认同的障碍（Ferenczi，1922：374-375)："弗洛伊德让我们头一次真正了解为何许多人在违背原先的社交规则后而饱受妄想之苦。"一直以来受社会礼节束缚的力比多，因为违反规则而得以释放，并以一种未经修饰的、本能的、性的方式（此前它一直被苛刻的自我理想所压抑）寻求自我表达，通常是同性恋的形式。原来的社会束缚继续展现于某些群体的被迫害妄想中。

当自我理想的客体取代了外在世界中的真实自我时（往往是不被喜欢的），忧郁就会发生。

躁狂抑郁性精神病（cyclothymia)的狂躁相，则是原始自恋的残留对近乎苛刻的自我理想的短暂反叛。

歇斯底里式的认同，只是对客体的某些特性进行潜意识整合。

费伦奇认为，我们需要用这些新概念对爱欲生活的重要作用进行修正。

区分直接的与被抑制的性冲动也愈加重要。

如果把羞耻和群体心理现象联系起来，羞愧感就变得容易理解了：羞耻是对在群体中公开表达异性恋性驱力时（它始终不为社会所接受的）所产生的骚乱反应。

此后，相对于弗洛伊德观点在社会现象上的应用，费伦奇似乎对于它们在精神病理学发展中的作用更感兴趣。

勒庞与《乌合之众》

《乌合之众》是勒庞（Le Bon，1895）的成名作。弗洛伊德仔细研读过其德译本第二版，我认为，对《乌合之众》的阅读激发了他对《群体心理学与自我分析》的创作。德文译者将法文的"*meneur*"译成"*Führer*"；英文版本选择"*leader*"一词，而西班牙文则是"*líder*"。

莫斯科维奇（Moscovici，1991：73f）这样概括勒庞的一生：

古斯塔夫·勒庞（Gustave Le Bon），生于1841年，法国诺曼底的诺让莱罗特鲁。1931年于巴黎过世，他的一生在很多领域都取得了卓越的成就。勒庞诞生的时代万物复苏，进步思想萌发，他的成长又恰逢第二帝国的崛起、工业革命、军事挫败与内战。而且，他还足够长寿，见证了科学的胜利、民主的危机，以及社会主义与民众力量的兴起，他对此非常关注，留意它们的发展壮大。

为了致力于科学的普及，这位身材矮小、热爱美食的医生很早就放弃对医学事业的追求。

勒庞最重要的出版物之一是有关阿拉伯与印度文明的著作，包括《民族演化的心理学法则》（*The Psychological Laws of the Evolution of Peoples*）（1894）、《乌合之众》（1895)以及《群体心理学》（*Crowd Psychology*）（1910)。其中，《乌合之众》让他享誉盛名，此书屡次再版，被翻译成17种语言，包括阿拉伯文及日文。勒庞享有盛誉，即使深居简出，也不断有政客、作家和科学家登门造访，其中包括里博、塔尔德、伯格森、亨利·庞加莱、保罗·瓦勒里、玛莎·比贝斯科公主与玛丽·波拿巴特公主、雷蒙·普恩加莱、阿里斯蒂德·白里安、路易·巴尔杜以及西奥多·罗斯福。在当时所有社会心理学专著中，《乌合之众》是最具影响力的一部，有关此著作的反响强烈，评论、批评也纷至沓来，当然也不乏"公然剽窃"者。"群体"（crowd)与"群体"（group)的概念被所谓的集体心理学与政治社会学所取代。所有政治学著作中，最著名的是希特勒（Hitler, 1925)的《我的奋斗》与戴高乐（De Gaulle, 1932)的《剑刃》，尽管此两人的立场彼此不同甚至相互对立，他们达成目标的方法却都和群体心理学有关。以戴高乐（De Gaulle, 1932)为例，他写道，过去群众对职位和家世的推崇已经完全转移到那些成功人士上。在威望形成的诸多要素中，有一部分是无法通过后天获得的，它们取决于灵魂的深度并且彼此有别，但是也有一部分是恒定的、必要的，它们是可以通过后天训练获得的。领导者就像艺术家，需要天分，当然也离不开后天的磨砺。

巴罗斯（Barrows, 1981)提供了更多信息，他写道："或许没人比勒庞更适合打着客观真理的名头来散播保守的思想形态……勒庞发现，对群众的研究是其传递悲观主义和反平等主义的最好媒介……勒庞将群众视为低劣且险恶的……为什么勒庞的著作成为群体心理学经典？……因为他以最清晰通俗的方式阐述了集体行为。不受复杂学术规范的羁绊，勒庞将群体理论的元素简化为井然有序的专著……勒庞因此精简了群体心理学，成为群体心理学的典范。"

对勒庞而言，群体"好比古埃及神话中的斯芬克斯（希腊人把斯芬克斯想象成一个会扼人致死的怪物——译者注)：必须解决他们的心理问题，否则将被他们生吞活剥""勒庞精心选择了这个隐喻，斯芬克斯就如同群众，是神秘又危险的怪物，是雌性和兽性的糅合"。勒庞梦想成为现代的俄狄浦斯。

也难怪弗洛伊德会认同勒庞的著作。

弗洛伊德对群体心理学的贡献：对结构的修正

弗洛伊德的文章共分 12 章，除了第 12 章和后记以外，每章皆有小标题。后记包括 5 个要点：①教会与军队的差异；②诗人对英雄故事的创作；③再论被禁忌性本能的重要性；④两人的组合与群体的对比；⑤再论陷入爱恋与催眠的区别。

第 1 章（序论）：个体心理学与社会心理学的对比为弗洛伊德的基本论点奠基。

第 2 章：勒庞对群体心理的描述。大量并详细地引述勒庞的《乌合之众》。《群体心理学与自我分析》的法译本以注释的形式引用勒庞原文，而弗洛伊德本人则使用德译文。以下是部分摘录（Freud，1921：76）："在群体中，个体不再是他自己，而是变成了一个不受自己意志支配的机器人。"因此，将原始人类心理发展和孩童心理（比如孩童、野蛮人与疯子的类比）进行类比，是 20 世纪初人类科学的主流观念之一。

群体是冲动的、善变的、易怒的，几乎全由潜意识所主导（Freud，1921：77）。群体格外容易轻信他人，且容易被煽动……他用想象代替思考，而联想又加剧了这个过程（Freud，1921：78）……群体容易被语言所影响……而且……群体从来不渴求真理，它们需要幻觉……群体渴望服从，因此会本能地臣服于任何自命主宰者的人（Freud，1921：80-81）。

领导者借由"威望"支配群体。读者能看到大量基本正确的事实，但是它们没有被明确阐述而且缺乏条理。人们会形成这样的印象：大量的事实等同大量的见解。

第 3 章：集体心理生活的其他描述。 弗洛伊德指责勒庞只做描述而不做解释，他点评麦克杜格尔（1920）的《群体心理》。 虽然他赞同麦克杜格尔对"无组织"和"有组织"群体的区分，却质疑他对暗示或"情感的直接诱发"的强调："暗示可以解释一切，但暗示本身却无法被解释。"（Freud，1921：89）

第 4 章：暗示（suggestion）与力比多。 本章通过精神分析视角，以力比多术语对勒庞与麦克杜格尔的经验进行重释，并试图对群体暗示现象给出更为准确的说明。 群体显然是因某些力量而凝聚在一起，但是，除了将世间万物结合在一起的爱欲，还有什么有如此强大的力量？ 群体心理的本质是爱的关系，或者说是情感连结。 弗洛伊德采用马克思主义或结构主义者思路来论证：群体现象是上层建筑，底层建筑是力比多。 弗洛伊德通过一个技巧"谴责"读者的假定，并隐藏实际的潜在历程。 然而，虽然弗洛伊德引入力比多概念，却未说明其运作的结构，这是远远不够的。 为了说明力比多的运行结构，弗洛伊德采用推理的方法，先列举两个显然相似的事物，再分析它们的差异。 之后他又变了个方式，先列举两个不同的事物，再寻找其相似之处。 这两个方式都是探索策略，确立了弗洛伊德作为探究者的说服力。 为了说服读者，弗洛伊德又采用苏格拉底对话的方式推理。 在文章中，弗洛伊德想象，那些被他训斥的读者，把他们的犹豫、无知与害怕错误的恐惧投注在他身上，但最终被他所论述的真理说服。 这造就了非常生动的文本：读者是被一步步地引领着领会了所探讨现象的潜在架构。 在《精神分析引论》中，弗洛伊德（Freud，1916—1917）通过虚构的方式阐述观点，读者读来却很有参与感。 我认为，加强作者说服力和对质疑者说服力的方法，恰好呼应了群体凝聚的过程。 在我看来，弗洛伊德文本促发的威力与群体凝聚力有相同的根源。

第 5 章：两种人为群体——教会与军队。 本章验证了先前提到的弗洛伊德认识的转变。 弗洛伊德对比这两个明显不同的集体，即教会和军队。无领导者的群体（勒庞所谓的"群体"）与有领导者的群体之间有本质区别，后者具有"高度组织化、持续且人为"的特点。 弗洛伊德从两种群体的心理原则着手："群体领导者，在天主教教会中是基督，在军队中则是最高将领，他们以同样的方式给所有成员平等的爱。"然而，这只是"幻觉"，可视为最极致的社会幻觉。基督教里，信徒彼此称兄道弟，同为上帝子民，他们凭借基督耶稣之爱而成为弟兄。毫无疑问，每个个体与基督的连结正是他们彼此凝聚的力量。军队也是如此：最高统帅对所有士兵施以同等的爱，他们借此成为彼此的"同志""战友"。

弗洛伊德进一步指出力比多运作结构的二元性。双重朝向的情感连结：一种是"垂直"连结，即成员与首领、领导者或父亲的连结；另一种是"水平"连结，即群体成员彼此之间的连结。弗洛伊德在此采用另一种论证方式：他先将其中一个暂时搁置，来检视此种情况下整体结构的变化。这种现象可见于某些特殊情况，弗洛伊德举了两个例子：其一是战争神经症，它曾导致德军瓦解，主要是抗议长官们对下属缺乏情感关爱；其二是恐慌，"意味着群体的瓦解，群体成员彼此间不再相互关怀"（Freud，1921：97）。此处，弗洛伊德再度采取自表入里的推理方式：群体瓦解只是表象，其内在过程是敌意释放，它此前一直积聚在成员对领导者爱的情感连结中，"尽管宗教都宣称自己是爱的教义，但对于那些没有皈依其中的人来说，却是苛刻的、排外的"（Freud，1921：98）。据此原则，弗洛伊德大胆提出颇具预见性的观点："就算另一种群体连结取代宗教，一样会发生类似宗教战争时期那样狭隘排外的情况。"（Freud，1921：99）战争神经症与恐慌的例子，揭露了力比多结构的新特征：矛盾性。爱或恨都可以将其激发。在通常情况下，攻击性潜藏在个体与领导者的情感连结中，一旦群体中个体之间的爱的关系消失，它便会被释放出来。总之，第5章主要描述群体心理结构，重点是对其双极性的（对领导者的爱与成员之间的爱）以及其矛盾性（随时转为敌意与破坏的爱）的讨论。

第6章：仍需解决的问题与工作思路。个体与领导者的连结比群体成员间的连结更具决定性；提出第二种形式的领导者存在，即领导者可被一个想法或抽象概念取代。任何持续了一段时间的两人情感关系中，必定包含厌恶和敌意，它们只是暂时被压抑而无法察觉。但其运作机制是什么呢？

第7章：认同。认同是不带性目的的客体投注或者是对榜样的认同。它与俄狄浦斯情结有关；男孩对母亲的客体投注不同于其对父亲的榜样认同。 对父亲或与父亲有关客体的认同可以逐渐达成共存。"对父亲的认同是指男孩想要成为(be)父亲，而对与父亲有关的客体的认同是他想要'拥有'(have)那些特质。"(Freud, 1921：106)认同，是赋予主体的自我一种类似于他人的自我(以作为"榜样")。 认同是和客体最原始的情感连结，通过把客体内摄到自我，用以代替力比多客体关系，当个体发觉自己与他人(并非性冲动的对象)有相似之处，认同就有可能发生。 男同性恋的起源就包含这个过程。 青春期的年轻男子并没有用另一个性欲客体取代母亲，他通过内摄认同了母亲，并寻找可取代其自我的客体，借此投注他最初从母亲那体验到的爱与关怀。 第二个例子是忧郁，忧郁以自我贬低、自我苛求以及自责为特征。 自我被分为两部分，两者互不友好，一部分自我攻击另一部分负责内摄失落客体的自我。从自我中发展出的机制 [(自我理想：执行自我监察、道德良知、监视梦境的功能，并导致压抑的形成(Freud, 1921：110)]，也与自我相冲突。 不久后，弗洛伊德(Freud, 1923)在《自我与本我》中对自我理想与超我进行区分，自我理想渴望符合父母的期待，超我则是为自己定下一系列禁令，违反即遭惩罚。 脚注中提到了模仿和认同的区别，遗憾的是，未对此进行完整的讨论。

因此，认同是群体力比多组织中的必要组成部分。

第 8 章：陷入爱恋与催眠。探讨客体与自我的另一种关系。儿童原始的性驱力被压抑，此后逐渐发展为"目标抑制的性冲动"。 虽然感官渴望受到情感的支配，但并未消失。"和纯感官渴望相比，我们可以通过衡量情感中受目标抑制的性本能的多少，去评估一个人陷入爱恋的程度。"(Freud, 1921：122)陷入爱恋状态的特征之一，是对性的高估，自我将自恋投注到爱侣身上。 自我通过"内摄"客体的特性丰富自身，这就产生了一个问题：客体会不会取代自我或者自我理想？催眠之所以和陷入爱恋具有相似性，是因为它也涉及着迷与服从，被催眠者体会到"催眠者逐渐步入自我理想的位置"(Freud, 1921：114)。 此外，催眠关系也是两个人形成的群体。 两者的不同则在于催眠关系直接排除了性倾向。 这个类比证实了领导者的原始角色，他可以"将群体催眠"。 至此，弗洛伊德便提出了群体心理结构的基本定理："这种初级群体由这样一群个体组成，他

们将其中同一个客体摆放在其自我理想的位置上，之后彼此之间相互认同。"(Freud，1921：116)

第 9 章：弗洛伊德挑战特罗特关于"群聚本能"(herd instinct)的概念。

第 10 章：群体与原始族群。 再讨论弗洛伊德(Freud，1913)《图腾与禁忌》的神话，其源头最早可追溯至达尔文(Darwin，1871)的主张：人类社会的雏形是由某位强壮雄性专横统治的部族。 群体被认为是这种原始族群的重现，因此，群体心理学是最古老的人类心理学，个体心理学只是从其中衍生出来的产物："原始父亲是群体的理想，处于自我理想的位置上支配自我。"(Freud，1921：127)

第 11 章：自我的不同等级。 自我理想对自我的严苛专制引起了自我的反抗，自我会周期性地违犯禁令，就像古罗马的农神节狂欢与嘉年华一样。自我与自我理想间的紧张关系造成了情绪摆荡，其极端例证是忧郁与躁狂。自我与自我理想在躁狂者身上完美统合，继而产生胜利感和自我满足，没有自我批判的成分。 群体力比多结构退行到这样一种状态：自我与自我理想间并没有区分，而且，认同以及将客体置于自我理想的位置，两者之间的区分也不复存在。

弗洛伊德此后的著作并未再探索群体心理学的主题，也没有对小群体与大群体的区别进行探讨。 直到 20 年后，库尔特·卢因(Kurt lewin)才再次提出群体动力的概念，而弗洛伊德发表于 1921 年的文章也并未激发出其他作者有关群体心理学的灵感。

关于心理机制的问题，弗洛伊德后来将其早期对意识、前意识、潜意识(属于心理结构而非机制)的区分，提升为更宽广的机制探索，将其分成自我、本我、超我与自我理想，后来，一些学者建议加上理想自我。 后来证实，这个新分类有利于分析以理想自我为核心的小群体心理结构，不同于弗洛伊德提到的自我理想为核心的大群体。 事实上，当精神分析转向小型群体研究，而不再只限于大型群体研究时，得到了快速发展。当然也有例外，梅兰妮·克莱茵的英国追随者埃利奥特·雅克(Elliott Jaques，1951)指出，企业的组织与规范，是对抗忧郁和被害焦虑的防御机制，克莱茵早就强调过其之于心理功能的重要性。 尽管拜昂只做过数年的群体研究，但他的研究成果却极具开创性。 但此后，他就专注于研究精神病患的个体治疗了。

虽然不同学者在概念与技巧上存在差异，但他们对小型精神分析群体的基本模式达成共识：一个群体有 10 位左右的参与者，他们素不相识，在群体内要按照要求彼此自由对话。 这种群体以心理治疗或培训为目的。 群体领导者就是分析师，他会诠释群体的情感、压力、冲突以及潜在的幻想、阻抗等。

弗洛伊德之后（1）：拜昂的"基本假设"

第二次世界大战期间，拜昂（Bion，1961）曾把个别分析治疗引入军方精神病院，他负责一个约 400 人组成的群体，人数太多了根本无法一一进行个体咨询，而且，他们缺乏纪律、自由散漫，拜昂把这些人的态度视为集体性阻抗，并决定仅用谈话的方式与之沟通。 他设定了一些等同于个体精神分析的规则：比如，所有人被分成小组；每组进行不同的活动；每个人可以自由组成或加入一个小组；在群体活动中，只要他们提前通知护理人员，就可以停止活动离开群体（比如去洗手间）；每日中午举行阅兵或全体集会以检视当前状况。 对这个群体而言，自由参与小组活动匹配个人治疗中的自由联想；必须参与某个小组的义务则对应必须参加每次个体治疗所有会面的要求。 最后，他们还要讲出参加活动时的想法和感受（幻想、情感和移情的表达），进而展现于每日集会的安排中，分析师要随着情况的发展，对群体经验的意义给出合适的诠释。 这个预实验是成功的，该军方精神病院很快就能自行运作，处理各项事务，组织不同的小组活动来提升个人自尊感并促进适应不良士兵更快回到岗位上。 这个实验也让其他很多精神病院一一效仿，尝试以群体活动作为治疗手段（社会疗法）。

第二次世界大战后，拜昂又通过群体心理治疗，为退役军人和先前战俘提供康复治疗，促进他们回归正常生活。 他认为，放弃先入为主的想法才能让我们更加接近潜意识，因此，拜昂提出一套新的术语。 首先，他区分出小群体中两种层次的功能。其一是工作群体（work group），它与意识层面的自我有关，它执行现实功能，通过分析现实困难以追求目标的达成。 其二是较难触及的潜意识"基本假设"（basic assumption）层面，它常常潜藏于工作群体之下，代表群体的原始经验。 基本假设分为三种：依赖、战-逃（fight-flight）、配对（和救世主式的希望有关）。 这很好地匹配了弗洛伊德论文中提到的三种心理群体：依赖是教会的基础，战-逃是军队的准则，配对则是儿童爱欲与期望的具体表现。

拜昂并未详细指出"基本假设"的本质与起源，我把它们当做与个体心理中的梦境相匹配的群体经历。 在我看来，"基本假设"相当于梦的潜隐内容，而群体的集体自由联想则是梦的外在表现形式。 因此，我们应该让每个成员通过自由联想，讲出自己的幻想，从这时就开始诠释，一直到对成员共有的"基本假设"进行诠释。 在某段时期中，"基本假设"是一种"对某事的倾向"，例如，期待从领导者那里获得一切（如食物、知识、秩序）的倾向，这些倾向可能源自婴儿期，甚至是天生的。 跟幻想不同，它们并非驱力的衍生物，而是与他人的情感连结，进而发展出的行为模式。 我认为，这三个基本假设遵循三种人类关系的方向发展：依赖与儿童与其父母的关系有关，后来演变为与一般成人的关系；战-逃是对敌人或竞争对手做出的反应，跟儿童与兄弟姐妹、同学或同龄人的关系有关；最后，配对是儿童与父母关系的基础——期望或厌弃父母间的彼此爱恋、预期弟弟或妹妹的出生、敏感于父母间的情感表达等。 配对的"基本假设"，在于群体成员对他们当中产生了情侣感到惊讶，根据拜昂的想法，这个过程伴随着对婴孩、思想或作品的"救世主式"的期望。

弗洛伊德之后（2）：精神分析群体、精神分析取向家庭治疗、群体幻觉与群体经历

精神分析群体

第二次世界大战前，福克斯（S. H. Foulkes, 1964）在英国生活的经历与

构想，为后来群体精神分析的发展奠定了基础。他有两个主要贡献：其一是提出群体成员间的潜意识"共鸣"；其二是他主张在"当下"研究群体现象，后者还被伦敦塔维斯托克诊所的约翰·里克曼（John Rickman）视为必须遵循的规定。以此为基础，伊兹瑞尔（Ezriel，1950）对完全精神分析式的群体情境进行了界定：8 位成员每周 2～3 次与一位分析师会面 1 小时。群体内自由联想的基本要求是：群体成员尽可能快地报告涌入头脑的想法。第二个规则基于群体存在的事实，倘若成员在治疗以外的时间会面，那么，在下一次会面中，他们必须要汇报他们上次在一起说过什么、做过什么（所有事情都必须带到群体中）。而且，群体治疗一旦开始，个体治疗就必须停止。分析师将群体视为一个整体，只对整体做诠释，而且诠释应该紧密结合当时会面状态下的群体情况，对此时此刻的群体做出诠释。

在会面过程中，每个人都会将自己的潜意识幻想客体投射到他人身上，并试图诱导别人表现出与之符合的言行。如果他人的幻想与本身的幻想相符，成员皆会表现出预定角色的特点，而"普遍群体压力"将会出现。反之，个体则会以潜意识防御机制抵抗这种压力。分析师必须了解某位成员的态度与想法对其他成员意味着什么，以及每位成员应对普遍群体问题的特异方式。分析师的干预必须指向被讨论的表面内容所掩盖的潜在问题，即"占优势的群体潜意识幻想的共同之处"。面对整体沉默、报告生活琐事、对文艺作品的空谈、开玩笑、拒绝在大家面前说话、站在他人立场或是为他人说话，分析师必须提前说明，这些都是对普遍群体压力形成的阻抗。分析师不处理群体成员间的移情，只认为整个群体对分析师的移情才是有意义的。

安德烈·罗菲特（Ruffiot，1981）具体示范了如何将个别治疗的原则用于精神分析取向的家庭治疗中。首先，每次会面必须有两代或以上的成员代表出席，否则取消会面（必须了解家庭不是一般的系统，它是幻想代际传递的系统）。其次，除了自由发言的规则之外，治疗者要特别留意深层次心理活动的展现，尤其是梦境；每次治疗中都要参与者汇报梦境，以打破自相矛盾的恶性循环。最后，中立（neutrality）原则与禁忌必须明确说明。

我以弗洛伊德提出的第一个心理拓扑理论（心理结构）（意识、前意识、潜意识以及两种审查机制）为基础对群体与梦境进行类比（Anzieu, 1966）。个体期望群体在想象层面实现他们被压抑的愿望，因此常会出现含有寓意的主题，比如失乐园、发现理想黄金城堡、收复圣境、前往希腊的塞瑟岛，简言之，就是各种乌托邦。同时，违反禁令带来的焦虑与罪恶感也在积累。当成员被要求自由发言时，瘫痪性的沉默就会出现，因为这意味着要他们公开谈论被压抑的愿望。所以，我用群体幻觉这个词表示群体对集体融合状态的追寻："和大家在一起感觉很好""我们是拥有好领导的优秀群体"（Anzieu, 1971）。与这些外显内容对应的潜在内容，是将其作为好的客体吞并；成员将自恋全能的理想投射到母亲（群体）身上；用轻躁狂性的防御来抵抗其他竞争者（儿童）破坏母亲子宫的古老恐惧。此时，我们用弗洛伊德的第二个心理拓扑理论作为群体工作的研究基础，以证明每个群体（从形成的那一刻起便不再只是简单的个体聚集）都是由成员的投射和主观认识论重组而成的。在群体幻觉中，群体取代了其每个成员的自我理想，正如弗洛伊德所言，在等级明确的集体中，领导者的父亲意象取代了每位个体的自我理想。

我发现，小型群体的发展演变分为几个阶段。第一阶段，其特征表现是成员的潜意识破裂和被害焦虑。与十几位陌生人的会面会引发焦虑，因为在群体感尚未建立之前，成员的自我认同会受到威胁。不论是保持沉默的成员，或是通过发言将自身观点强加于他人的成员，都一样令他们感受到威胁。

此后，被害焦虑阶段被集体欢愉阶段所取代，在这一阶段中，成员们热爱群体、亦被群体所爱，领导者也被纳入其中。这就是我说的群体幻觉，它构成群体自恋，并将妄想-分裂的焦虑转换为融洽的欢乐时光。如果任其自由发展，所有群体都会形成并经历群体幻觉阶段。在非指导性的群体关系中，伴随这两个危机阶段的是个体特有的幻想：最初是被迫害阶段的破坏幻想，在群体幻觉中，群体的幻想表征是嘴巴。

一旦群体在心理上达成整合，形成稳定的动力系统，便可以设立目标，制定一系列的实践策略以寻求目标的实现。然而，失望会接踵而至，群体幻觉也将破灭。个体幻想、情感与想法间的个体差异将被放大。群体开始意识到自己没有能力达成目标，成员也会经历同样的忧郁和焦虑。 群体成员之间的冲突会增强和恶化。 经济因素将决定群体的命运，群体或许可以度过幻灭危机，并把愤怒与恨投射到外在客体上：常见的现象是，通过设定一个敌人来重振群体的团结与动力。 这样一来，力比多和攻击驱力就可以同时在群体心理结构的不同部位共存；还有另外一种可能性，如果自我摧毁驱力占上风，群体最终会自取灭亡。

后记：寻找黄金城——群体过程范例

黄金城幻象曾吸引了很多作家，他们借助丰富的想象力和对细节的粉饰，让这个传说流传于欧洲。 群体幻觉显然也有粉饰幻想的功能，包括那些失落的幻想。

新大陆的"征服者"费尽力气，试图寻找印第安传说中的到处是银山及金顶房屋的遥远地域。 探险者们从秘鲁和巴拿马带回的战利品，似乎提示谣言所说的位于秘鲁到普拉特河之间的奇妙帝国确实存在。 科尔特斯（Cortés）从墨西哥带回的金银财宝也证实了最奢靡的财富梦想。 因此，征服者们满怀激情，似乎任何失败都无法阻挡他们寻找黄金城的脚步。 这个浑身涂满金粉的印第安酋长的传说，伴随着流传在亚马孙地区的信念，让亚马孙女战士用自己的名字命名这条流经南美丛林的河。

参 考 文 献

Anzieu, D. (1971), L'illusion groupale. *Nouvelle Revue de Psychanalyse*, 4:73–93.

Anzieu, D. & Martin, J.-Y. (1997), *La Dynamique des Groupes Restreints*, 11th ed. Paris: Presses Universitaires de France.

Barrows, S. (1981), *Distorting Mirrors: Visions of the Crowd in Late Nineteenth Century France*. New Haven, CT: Yale University Press.

Bion, W. R. (1961), *Experiences in Groups*. London: Tavistock.

Darwin, C. (1871), *The Descent of Man, and Selection in Relation to Sex*. London: J. Murray.

De Gaulle, C. (1932), *Le Fil de l'Épée*. Paris: Berger Levrault, 1944.

Ezriel, H. (1950), A psycho-analytic approach to group treatment. *Brit. J. Med. Psychol.*, 23:59–74.

Ferenczi, S. (1922), Freud's "Group psychology and the analysis of the ego"—Its contribution to the psychology of the individual. In: *Final Contributions to the Problems and Methods of Psycho-Analysis,* ed. M. Balint (trans. E. Mosbacher). London: Karnac Books, 1980, pp. 371–376.

Foulkes, S. H. (1964), *Therapeutic Group Analysis.* London: Allen & Unwin.

Freud, S. (1905). *Three Essays on the Theory of Sexuality. Standard Edition,* 7:130–243. London: Hogarth Press, 1953.

Freud, S. (1913). *Totem and Taboo. Standard Edition,* 13:1–131. London: Hogarth Press, 1959.

Freud, S. (1916–1917), *Introductory Lectures on Psycho-Analysis. Standard Edition,* 15 & 16. London: Hogarth Press, 1963.

Freud, S. (1920), *Beyond the Pleasure Principle. Standard Edition,* 18: 7–64. London: Hogarth Press, 1955.

Freud, S. (1923), *The Ego and the Id. Standard Edition,* 19:12–66. London: Hogarth Press, 1951.

Hitler, A. (1925), *Mein Kampf.* Munich: Zentralverlag der NSDAP, 1940.

Jaques, E. (1951), *The Changing Culture of a Factory.* London: Tavistock.

Le Bon, G. (1894), *Les Lois Psychologiques de l'Évolution de Peuples.* Paris: Félix Alcan.

Le Bon, G. (1895), *La Psychologie des Foules.* Paris: Félix Alcan.

Le Bon, G. (1910), *La Psychologie Politique et la Défense Sociale.* Paris: E. Flammarion.

Lewin, K. (1947), Frontiers in group dynamics. *Field Theory in Social Science.* New York: Harper & Brothers, 1951.

McDougall, W. (1920), *The Group Mind.* Cambridge, UK: Cambridge University Press.

Moscovici, S. (1991), *L'Âge des Foules,* 2nd ed.

Ruffiot, A. et al. (1981), *La Thérapie Familiale Psychanalytique.* Paris: Dunod.

Trotter, W. (1916), *Instincts of the Herd in Peace and War.* London: Unwin, 1923.

Wittgenstein, L. (1922), *Tractatus Logico-Philosophicus.* London: K. Paul, Tronch, Trubner.

群体心理学与精神分析群体

罗伯特·卡珀❶(Robert Caper)

群体心理学与认同

在《群体心理学与自我分析》中，弗洛伊德(Freud，1921)曾试图用个体心理学中占主要地位的潜意识理论去解释群体心理活动的某些层面。 他言辞激烈又不失条理地指出：群体心理活动完全来自于潜意识驱力(存在于个体心理活动)，因此，只有充分考虑个体的潜意识驱力才能更好地理解群体心理活动。

这或许是弗洛伊德论著中最广为人知的观点。 但是，他还提出：如果忽略个体所属的群体，我们也无从更好地理解个体的潜意识。 事实上，这个论点在弗洛伊德论著的开始几个段落就出现过(Freud，1921：69)：

> 只有在极少数的特殊情况下，个体心理学才忽视个体与他人的关系。因为个体的心理活动总是和他人相关，"他人"可以是敬仰的模范、某个客体、提供帮助的人，也可能是敌人或对手；在更广的视角中，个体心理学就是社会心理学。

此后，他又写道(Freud，1921：123)："群体心理学是最古老的人类心理学；个体心理学是在我们忽略群体特性的基础上孤立出来的分支，它是慢慢从古老的群体心理学分离、发展并逐渐受到瞩目的。 这个过程是渐进

---

❶ 罗伯特·卡珀：美国加州精神分析中心的培训和督导分析师，UCLA 医学院临床医学助理教授，国际精神分析杂志的编委，有两本代表作：《非物质事实：弗洛伊德对精神现实的发现与克莱茵对其理论的发展》(*Immaterial Facts：Freud's Discovery of Psychic Reality and Klein's Development of His Work*)及《个体的心灵》(*A Mind of One's Own*)。

的、也可能也是不完全的。"

这也是我希望通过本章强调的论点。自弗洛伊德写下这段话后，我们就知道，人类个体心理学无法从群体心理学中脱离出来，这不单单是因为个体心理的重要功能之一就是与客体建立关系，也因为个体与客体的关系本身本来就是心理活动不可或缺的一部分。与客体没有连结的心理从本质上是不存在的，因此，忽略与客体的关系，便无法充分了解人类的个体心理❶。

在《群体心理学》中，弗洛伊德通过早几年提出的概念：自我理想（一部分自我、一部分客体）来论述个体心理与客体间牢不可破的连结（Freud，1921：130）：

作为分析自我的第一步，假设自我有不同层级的区分（如自我本身与自我理想的区分）这一观点的合理性，必然为多数心理学流派所接纳……现在，我们需要在客体和自我理想的关系中考虑自我，而且外部客体和自我会作为一个整体而相互影响。我们对神经症的研究证明了这一点，而且这一点也会在自我活动的新模式中不断被证实。

这种新模式后来被称为内在世界或内在客体世界。正是通过自我对客体的认同，自我和外在客体的互动模式才得以重复，自我理想才能够成为自我和客体不断互相内化兼容的混合物。

"认同本身就是一个复杂的现象。在《群体心理学》中，弗洛伊德以俄狄浦斯情结为例来对其进行解释。他认为，认同是个体与他人产生情感联系的最早期表现。它参与了俄狄浦斯情结的产生。小男孩会对父亲表现出特殊的兴趣：他想要成为父亲一样的人并且完全取代他。简单地说，父亲形象就是这个时期小男孩的自我理想。这种行为与对父亲（以及一般男性）的被动或女性态度无关，相反地，它是典型的男性发育的心理阶段。它完美地契合了俄狄浦

---

❶ 两个针对此观点的哲学视角的阐述：参见里尔（Lear，1998）、卡维尔（Cavell，1998）。

斯情结，并对俄狄浦斯情结的形成做了铺垫。"（Freud,1921:105)

根据弗洛伊德的理论，除了小男孩对父亲的早期认同，小男孩和母亲也形成另一种不同类型客体关系（Freud，1921：105)：

真正的客体投注和不同的依恋类型有关。"小男孩"会表现出两种截然不同的心理连结：对母亲发展出直接的、与性相关的客体投注，同时认同父亲并将他视为典范。在一定的时期内，这两种并存的心理连结互不影响、互不干涉。由于心理发展的必然性，这两种连结最终合而为一，俄狄浦斯情结就此产生，小男孩注意到父亲成了他和母亲之间的障碍。

弗洛伊德（Freud，1921：105)认为，这种感受让男孩和父亲发展出第二种形式的认同："他对父亲的认同有了敌意色彩，并且与想要取代父亲占有母亲的愿望相一致。"

乍看之下，这两种形式的认同似乎差异不大，只不过前者友善，而后者带有竞争和敌意。但进一步分析可发现两者间的一个重要差异，和取代父亲相比，男孩想要变得和父亲一样的愿望则具有更高的心理层级。想要变得像父亲一样是一种抱负，这显示男孩已经认识到他毕竟不是父亲，两者是不同的（否则的话，男孩肯定不会希望成为像他一样的人，因为一个人不会希望成为自己已经成为的人）。而男孩希望想要变成父亲，就像一个不会驾驶飞机的乘客希望取代驾驶员。这种想法和一个人因为钦佩而希望自己有朝一日成为飞行员的抱负是不同的，虽然自认为是安全、合理的。这意味着男孩相信自己已经是父亲，并且"能够"取代他。

和其他情感性认同（affectionate identification)一样，这种信念也是愿望的产物；但与情感性认同不同的是，产生这种信念的愿望让人感觉好像已经神奇地实现了一样，它没有考虑到现实困难，小男孩取代父亲并没有那么容易。

男孩相信自己"就是"父亲，这是一种全能性认同（omnipotent identification)：它基于这样的想法，即男孩想要成为什么样的人，他就已经是什么样的人了。换言之，这是全能幻想的表征且这种幻想被感知为现实。这种认同是一种防御机制，用来抵抗男孩对自身与父亲差异的觉察。如果防御成功，会损害父亲作为男孩心目中客体的地位（一个与男孩不同的他人），也会破坏男孩一部分主体感以及将父亲视为客体的自我。男孩想要"像"父亲一样的愿望，则是对现实的认识，男孩能够清醒地认识到，他"不是"父亲。这并不是一种全能性认同，因为它并没有将男孩等同于父亲，也承认自己与客体间的差异性。和那些把自我和客体等同起来（忽视了两者的差异）的全能性认同相比，我们把这种认同或愿望称作抱负。

全能性认同会导致个体自身与客体的混乱，而抱负（aspiration）则泾渭分明，客体是客体，主体是主体，主体并未将自身等同于客体。抱负尊重主体与客体间的差异❶。

俄狄浦斯冲突的主要问题并不是男孩与父亲为了争夺母亲而发生的冲突，尽管它表现的确实如此。首先，它是小男孩心灵内部的冲突，是男孩爱父亲、将其视为典范或理想（把父亲作为客体），与通过认同父亲而不再把父亲当做客体之间的冲突。俄狄浦斯冲突的其他部分是男孩将父亲作为客体的能力与通过全能性认同"成为"父亲之间的冲突。

俄狄浦斯情结的最终结局（形成超我）取决于个体在与父亲连结的上述两种形式中所做的潜意识抉择。如果全能性认同占上风，就会导致病理性结果，从这种认同中发展出的超我是严厉的、全能的、原始的、陈腐的。如果将父亲视为不同于自身的客体的抱负占据上风，男孩发展出的超我就是仁慈的、务实的、成熟的。

换句话说，认同倾向于拒绝承认父亲作为客体（不把父亲当做客体）的存在性，而把自己当成父亲本人，这最终耗尽其男孩的主体或自我；而抱负则能保存父亲的客体性（将父亲视为客体），并将其区别于主体。也就是

---

❶　更好地了解全能性认同和抱负，参见卡珀（Caper，1999，第9章）。弗洛伊德（Freud，1939：299）在很多年以后仍在试图理清这两种认同形式的脉络，他写下这样的注解："对小孩子来说，有'拥有'（having）和'是'（Being）两种状态。孩子喜欢通过认同来表达客体关系：'我就是客体'，'拥有'则是后续发展阶段。在客体消失之后，孩子就把客体当成自己的，比如母亲的乳房。对小孩子来说，他认为'乳房就是我的一部分，我就是乳房'。在此之后，就发展成为'我拥有它们'，也就是说，孩子承认'我不等于它们'。"

说，抱负强化了男孩的自我。

弗洛伊德之所以用如此长的篇幅在群体心理学有关的著作中对认同进行讨论，是因为他认为群体成员的彼此认同是群体聚合的黏着剂。他将群体分为两类：其一为"无组织的群体"或"自发群体"，其二为"有组织的群体"（有组织的群体不是自发形成的，它们的形成需要经营）。有组织的群体常常是一些颇具文化成果（比如视觉艺术、科学、音乐、表演及文学）的组织，而无组织群体的首要代表则是暴民（弗洛伊德对此类群体的研究，主要基于勒庞对恐怖活动期间游荡于巴黎街头的暴民分析）。

继麦克杜格尔（McDougall，1920）之后，弗洛伊德（Freud，1921）进一步提出"有组织的群体"应具有以下特性：①具有完整、连续的存在感；②群体成员"对所属群体的性质、组成、作用与能力……有着明确的认识"；③和与之相似、又不尽相同的其他群体保持互动；④具有特定的传统、规矩与习惯；⑤结构明确，群体成员分工不同、各司其职。他写道（Freud，1921：86-87）：

通过另一种更合理的方式，我们可以重新描述麦克杜格尔所说的群体"组织性"。问题在于群体如何准确地获得群体成员的个体性？他们的个体性为何在群体形成时压抑或消失？就个体而言，当处于原始群体之外时，麦克杜格尔所说的群体组织性用另一种方式来描述或许更合理。问题在于，群体如何精确地获得那些属于个体的，但在群体形成过程中被压制的特质。对不属于群体的个体而言，他拥有自己的身份感、自我感、传统、习惯，以及他自己独特的价值和立场，他让自己与别人保持距离。然而，由于个体进入到"某个无组织的群体"中，他却失去了上述特质。

很重要的一点是，弗洛伊德所说的"群体形成时个体丧失个性"，并不是指向所有群体，而是专指"无组织"群体。个体成为有组织群体的一分子时，并不会丧失个性，不会失去自我认同感。相反，某些具有艺术、科学或语言天分的个体，只能进入"有组织"的艺术家、科学家、作家群体后才对其自我感有了充分的认识。因此，我们可以得出以下结论，在弗洛伊德的理论体系中，个体丧失其个体性影响了无组织群体的形成；有组织群体的形成则依赖于其中的个体对自我感的保持。

个体进入无组织群体后，自我感消失的现象，类似于男孩对父亲的认同：男孩觉得自己就是父亲，因此可以取代他的潜意识，致使他丧失作为儿童的身份感，丧失了对自己和父亲差异感的认识。而有组织群体成员间的彼此认同，则类似于男孩想要像父亲一样的抱负，他在心理上承认父亲是和自己不同的客体，同时他清楚地知道自己是谁，具有良好的自我感或自我。

原始群体与复杂群体

在弗洛伊德对群体进行研究的 40 年后，威尔弗雷德·拜昂（Wilfred Bion，1961）继续研究群体。他主要探索弗洛伊德提出的两种不同形式的群体中成员彼此的关系以及与自我的关系的差异性。基于他的研究，拜昂提出"基本假设活动"的概念，基本假设活动是基本假设群体的特征，基本假设群体被强大的潜意识幻想支配，群体的目的是实现幻想。

只有基本假设活动的群体并不存在（因为太不现实而无法生存），但有些真实存在的群体和这种状态十分相似，例如，群众狂喜、群众恐慌与动用私刑的暴民。正如没有群体可以完全避免与现实世界接触，也没有群体能完全免除基本假设活动，或者说，这样的群体即使存在，也会缺乏维系人类群体生存所必须的情感活力，缺乏对梦想、愿望、欲望与抱负来说十分重要的情感原动力。在所有群体中，基本假设活动与现实活动都是其必要组成部分，就像所有绿色都包括黄色与蓝色，只是我们需要使用棱镜才能将其看清楚。拜昂的群体理论就像是一个棱镜，帮助我们看清楚群体中存在的基本假设活动与其他心理活动。

接下来，我将进一步阐明我的论点。拜昂提出的依赖心理（dependent mentality）就是一种基本假设活动，它由潜意识幻想主宰，这种潜意识幻想认为群体领导者一定会解决群体面对的所有问题。动手解决这些问题不是必需的，仅仅建议群体着手解决问题是个不错的主意，但这样做又似乎不太尊敬领导者，因为这意味着领导者能力有限，以至于需要普通成员的协助。拜昂认为，弗洛伊德所说的教会，在很大程度上就是某种依赖型基本假设群体。

第二种基本假设活动是拜昂提出的战-逃活动，其幻想特征是认为所有的群体问题均来自于外界，领导者的任务是武装群体抵御外敌，以保护群体的利益不受外界威胁。拜昂认为弗洛伊德提出的军队就是战-逃型基本假设群体的典型代表。

如果我对这些基本假设的描述听起来不合理，那是因为它们本质如此。但必须记住的一点是，人类群体不可能是一个完全理性的群体，因为绝对理性的群体必然缺乏让群体之所以成为人类群体的情感活力。因此，现实中的所有群体，都是基本假设心理与拜昂提出的、更实际的工作群体心理的复合物，军队、教会、其他社团组织均是如此，精神分析群体也不例外。这点容我稍后再议，目前我希望先聚焦于这些群体的基本假设心理。

基本假设群体的成员常会体验到强烈、亲密、充满神圣感的情感氛围。这种氛围是排外的，无法支持或参与其中的成员将被驱逐和排斥，一如面对宗教大会的无神论者，或是在军事参谋本部会议中的外交官，他们不会参与到宗教或军事群体中，他们被视为圈外的普通民众。拜昂的基本假设群体类似于弗洛伊德的"无组织"群体，但又进一步澄清了弗洛伊德没有提到的内容，即这些群体并不是真的毫无组织性。无组织群体中的某些潜意识信念反而格外需要高度的组织性作支撑，群体成员需要高度复杂的组织，以保护基本假设信念免受理性的评判，因为群体成员害怕他们的信念被理性挑战，如果这样，他们所拥有的情感力量和理性，两者必有其一遭受毁灭。与理性的连结似乎超越了基本假设群体的想象。我将在本章结尾对此做更进一步的阐述。

拜昂还描述了另外一种相当不同的群体，他称之为工作群体（work group）。工作群体基本上匹配弗洛伊德提出的"有组织群体"，工作群体具有以下特点：①能够认识到自己解决问题的局限性；②群体界限感；③群体内成员彼此不同，存在个体差异；④工作群体的任务相对明确，解决方法务实。简言之，工作群体是界定和区别的产物：这种界定和区别存在于群体内部与外在世界之间、愿望与能力之间、组成群体的相异个体之间，以及群体使命与其他任务之间。我把符合弗洛伊德的"无组织群体"和拜昂的基本假设群体的统称为原始群体；把符合弗洛伊德"有组织群体"和拜昂的工作群体的统称为复杂群体（sophisticated group）。

原始精神分析群体与复杂精神分析群体

拜昂提出，分析师和病人组成的精神分析咨访双方，也可被视为两人组成的群体。我认为它既是原始群体，同时也是复杂群体。咨访双方因认同而彼此连结，认同削弱其自我感。除此之外，咨访之间还存在另一种连结，这种连结让他们识别并保留这种自我感。

对复杂精神分析群体而言，病人与分析师不失个体感地展开合作，二人共同完成一项任务。一般而言，共同完成某项任务的过程往往包含着冲突和分歧，其中的个体在合作或者面对冲突时，都能保持自我感以及个人立场。

原始精神分析群体却没有真正的合作或冲突可言，取而代之的是，借由成员彼此认同产生的、和基本假设群体有关的、缥缈但强大的情感氛围。这种相互认同倾向于清除那些和基本假设群体无关的情感，以维持这种特有的群体情感氛围。

咨访双方的关系有两种可能的情形：将咨访双方视为二人组成的同质群体，或者将其视为相互合作的群体。如果能清楚这两种情境的差异，我们就会了解：分析师与病人以独立个体合作完成的任务（见于复杂精神分析群体）之一，就是探究彼此认同过程中的自我［相互认同发生在所有分析关系中，它不是共情（empathy），共情是在不丧失自我感的情况下对客体心理状态的感同身受］。复杂精神分析群体的部分任务，正是对原始精神分析群体进行反思；而原始精神分析群体的部分任务，则是反思自己。在精神分析过程中，这两种群体各自的任务是"联姻"：原始精神分析群体必须允许自己接受复杂精神分析群体的检验，而后者不能带有"矫正"的意图，只是单纯的检验。换言之，两种群体必须互相尊重对方的寻求，不做分外之事。

既然复杂精神分析群体的分析本质上是一种合作性分析，它就只能在合作的气氛下产生，而个体间的合作，也只有在彼此不同的个体间才能发生。然而，原始群体所缺乏的正是个体差异性。因此，对所有的分析而言，都有难以解决且持续不断的冲突存在于原始群体与复杂群体之间。原始群体和复杂群体需要互相让步，认识到这一点或许最有助于理解这种冲突。需要强调的是，既然复杂群体的任务在于检验原始群体，一次有效的分析必须同时具备两种形式的组合，缺一不可。

原始群体所有行动都旨在支持其基本群体假设。在精神分析过程中，这种特征依然存在：它表现为对分析过程和咨访关系先入为主的认识。由于基本群体假设对分析过程中的情感因素极为重要，要避免它们暴露在病人与分析师的真实经验中，以免被认为是不真实的（这并不是真的代表它们禁不起分析双方真实经验的考验，只是基本假设群体深信它禁不起如此考验）。复杂精神分析群体则依据咨访双方的真实体验对原始精神分析群体的假设进行检验。

由于精神分析是反思性、反省的，因此它需要同时具备原始群体和复杂群体的特点，二者同时存在且相互联系。两种群体彼此联系的临床表现是两种群体之间会形成某种紧张关系，咨访双方都会体验到分析中的不安全感。

临床实例

下面的例子描述的现象想必很多分析师都比较熟悉。这个例子和原始精神分析群体有关，可以说是原始精神分析群体的常见临床表现。在咨询过程中，当分析师恪守精神分析咨询规则时，病人时常会感觉分析师很不自然，"总是端着"。也就是说，分析师处理自己和病人的关系不像家人或朋友那么友好亲密的时候（与精神分析规则有关），病人会感觉分析师不真诚。这时，病人往往会表达自己的感受，并且提出自己想和分析师发展一种更为真实的关系。这个期望的真实目的是希望分析师扮演自己的移情对象。这个移情对象或待人友好或充满敌意，或温暖或冷酷，或让人感觉安心或让人警惕，甚至可以是虐待的或受虐的。但是，移情对象并不是分析师。如果患者抱持着上述愿望，但分析师不予理睬，依然"我行我素"，那么患者难免会觉得分析师"端着"，觉得他们不真实，好像分析师永远不会透露他对患者的真实想法，患者觉得，如果分析师的反应更快，就显得更为真实。"即时性"（spontaneous)往往意味着更少的思考，更少的反省和分析。

患者常常认为分析师"端着""不真实"，但他们自己不会反思这种感受，他们不会认为这是分析师遵循精神分析规则而刻意为之，他们不会理解到这种态度其实是一种合适的"距离感"。他们只认为分析师的这种态度是不合理的、不真实的、不应该的，而且，只有分析师改变态度，咨询才会顺利进行。这类患者常常对咨询表示出强烈的不满，当然，哪怕在其他场合他们也有类似的行为，比如他们会挑剔家庭医生或会计，抱怨他们工作不够仔细、不够审慎，这一点让他们很恐慌。

詹姆斯·史崔齐（James Strachey，1934：284)也浅谈过这个问题：

这种分析情境不利于"真正的"咨询。但这实际上完全不同于它所呈现出来的样子。这意味着患者一直在尝试将外在真实的客体（分析师）转化为记忆中某个故人（早期客体）。也就是说，患者试着将原始内化的无意识意象投射到分析师身上。在这种情况下，患者仿佛在真实世界遇上了那个幻想出的客体。

史崔齐的意思是，患者试图投射到分析师身上、同时期望分析师配合扮演的那个内在客体（internal object)，其实是非常不切实际的，是幻想的。他（James Strachey，1934)进一步指出，通过这样的方式患者很成功地将分析师视为一个幻想客体（phantasy object):

这样一来，分析师就无法继续在分析情境中享有分析师特权，因为就像其他幻想客体一样，他已经被患者内化到其超我中，再也不能以分析师特有的方式发挥作用了。对患者而言，在这种困境下所获得的现实感虽然对他本身来说十分重要，但是并不牢固；实际上，这其中的一个进步是我们希望咨询带给我们的。因此，不受制于任何无关紧要的压力是很重要的。

史崔齐所说的压力就是分析师要扮演患者心中那个"早期客体"，在这种情况下，患者对分析师的认识并不客观，史崔齐（James Strachey, 1934：284-285)进一步指出：

　　因为患者对分析师抱有幻想，因此，分析师在咨询中应该格外避免让自己表现出符合患者预期、证明其幻想（患者将分析师幻想为某个"坏"客体或"好"客体）的行为。当患者将分析师视为"坏客体"时，分析师就更需要注意自己的行为。比如，如果分析师一不小心对患者表现出的本我冲动感到震惊或害怕，患者就立刻被激惹，将分析师视为一个危险客体，并将其内摄到其相当苛刻的超我中。但是，如果分析师乖乖地按患者的意思，允许其将内心的好客体投射到自己身上，也是不明智的，因为在这种情况下，患者会将分析师视为符合潜意识期待的好客体并进一步将分析师纳入潜意识中的"好的"意象，并将分析师作为对抗其潜意识"坏"意象的挡箭牌。此外，在这种情境下，患者生命早期形成的、积极或消极的本能也终将从分析中跳脱出来，因为这样的分析情境已经让自我丧失了对比幻想的外在客体和真实的外在客体的可能性。或许有人会这样说，哪怕是全世界最好的分析师，不管他多么小心谨慎地处理，都不可能完全杜绝患者将内心各种各样的意象投射到自己身上。确实如此。因为咨询的作用取决于当下。这些困境只是为了提醒我们，患者的现实感其实非常有限。

　　需要指出的是，当史崔齐写出"患者的现实感其实非常有限"这句话的时候，不仅仅是针对精神病患者。他也指这样一种事实：非精神病患者的现实感在原始精神分析群体中也会受到损害。

　　但这就存在一个问题。由于患者将早期超我投射到分析师身上，他们会紧盯着分析师，让他们对爱恨、认可或不认可的相关证据做出解释，而不是将其作为分析师对患者心理情况进行观察。患者专注地聆听分析师的话，在其中寻找分析师对自己评价的蛛丝马迹，比如他认为我是好的还是坏的，是可爱的或让人讨厌的，可怜的还是让人恐惧的。他也会不断询问自己："我讲的这一切，分析师会觉得好呢还是坏呢？"但是，患者的这种忧虑（通过分析师的阐释来揣测分析师是不是喜欢或认可自己）和分析师想要通过"阐释"来达成的真正目的没有关系。阐释应该是分析师基于其对患者的观察，以某种科学的方式（找不到更好的术语）解释给患者，也就是说，这种方式应该让患者感觉到这是一种客观的观察，而不是一种关乎他人对自己评价的表达❶。

这也是我们作为分析师应该做的，但是大多数时间我们并没有这么做或者说并不是一直如此，因为说的容易，执行起来真的非常困难。在实际分析过程中，我们会被一些微妙的或者没那么微妙的心理因素所影响，它们可能来自于患者，也可能来自于我们自身。这个时候我们就会做一些其他的来缓解这种焦虑，比如去扮演患者投射到我们身上的早期客体。举个例子，在分析过程中，我们感觉自己被患者激怒，这个时候，我们应该做的是分析自己为何被其激怒，并以此为契机进一步理解患者，为其提供更为合理的阐释，但是很多时候我们并没有这么做，而是（至少会这么想）以一种"回击似的、让患者感觉不舒服"的解释给予回应（这一点必须承认）。还有一些时候，我们或许不会被患者激怒，但是会害怕他们，这个时候我们就倾向于提供一种让患者感到安心和宽慰的解释。这时，我们也必须承认，我们此时应该做的并非如此，取而代之，我们应该分析，为什么我们总是想要让患者感到舒服（至少稍微好一些）。还有的时候，我们发现自己迷恋某些患者，这时我们给出的解释又是带有诱惑的情感色彩的（更多细节可以参考：Caper，1999，第2章）。这些不经过自我分析的解释，其实是未经思索的，并没有对用词进行深究，它们不是对反移情进行分析的产物，它们是反移情的产物。这种未经分析的反移情，说白了就是分析师陷入了患者的陷阱，按照他们想要我们表现出的方式（激惹或者诱惑）回应他们，患者心目中的"真实客体"（精神分析以外的、"真实"生活中的客体）会做什么，我们就表现出什么。他通过激惹或者

---

❶ 我在其他文章（Caper，1999，第2章）中指出，史崔齐认为分析师具有"辅助超我"（auxiliary superego）的功能，其实它应该被称为"辅助自我"（auxiliary ego）。用史崔齐的话说，分析师关注的是患者"真实的、当下的"情况，而不是患者的好坏，分析师只是观察患者，而非对患者做出讨厌或喜欢的评价。

诱惑这个"真实"客体而保持其神经症性的关系。

　　这个患者眼中无比"真实"的客体就是史崔齐笔下的外在幻想客体（external fantasy object），如果分析师按照患者的期待，表现的好像其投射到分析师身上的早期内在客体，那么分析师其实就剥夺了患者将内在客体和外在客体（分析师真正应该具有的角色）进行对比的可能性。这反过来又剥夺了患者区分幻想和现实的能力，或区分内在现实（患者本人）和外在现实（即外在客体，在咨询关系中，外在客体是分析师）的可能。这里就存在一个矛盾，患者一直要求分析师"保持客观和真实"，可正是这一点破坏了患者的现实感，在我眼里，它破坏了患者区分内在现实和外在现实的能力。

　　有时候，患者眼中的"和分析师建立真实关系"，其实是让分析师的言行符合其内心无意识幻想，或者通过他的言行举止显示情感忠诚。通过这种方式，咨访双方形成一种原始群体，而这种原始群体被基本假设幻想所支配。在这种群体里，分析师无形中处在一种满足患者无意识幻想的压力中，不这么做的话，分析师就会在分析群体中体会情感排斥之苦。

　　但是，如果咨访双方想要组成原始群体，仅仅是患者对分析师施压以实现其无意识基本假设是不够的，还需要一些其他内容。原始群体需要其所有群成员都要受到相同基本假设的控制。那些真正展现出原始群体特点的咨访双方，往往具有如下特点：分析师对患者的无意识期待（出于其自身某些原因，他对来访者也有期待）正好契合了患者对他的无意识期待。比如，患者将分析师视为一个万能的治愈者，而分析师刚好需要患者这么看待他，只是他的这种渴望是无意识的，他自己意识不到罢了。在这种情况下，除非是分析师自己意识到这一点并加以分析，否认的话，他会无意识地要求患者配合他。

　　如果分析师给患者的无意识压力和患者给分析师的无意识压力相一致，也就是说，他们被同样的基本假设幻想所支配，那么，彼此配合、彼此扮演的压力，对他们来说也就谈不上是一种真正的压力了。相反，咨访双方还会感到他们正在经历一种"真实"的关系，并且已经超越了精神分析繁文缛节的技术规定。在这种情境下，这种所谓"真实"关系的幻想本质并不能被检验，因为陷入其中的双方根本意识不到这只是一种幻想，他们坚信这是真实的。这种关系不具分析性，并不是真正的精神分析所要求的那种关系，但是咨访双方也不会这么想，他们认为这种关系只是没有那么传统，而且还会将其合理化为精神分析技术的创新性发展。

精神分析退行为原始群体的过程就这样被合理化了。他们还沉浸在这样一种精神分析取得新进展的喜悦中。

讨论

原始群体心理、早期超我和经验学习

基本假设群体的特点是：群体成员具有高度的思想一致性（即志同道合），这种一致性代替了成员之间本该出现的差异性、特异性，以及不同个体之间的思想交流。在某种程度上，精神分析的真实关系并不是咨访双方共同探索患者的潜意识（无意识），或许它仅仅是两个个体借由相互认同而产生的心理结合，这种相互认同是围绕着一个共同幻想（潜意识层面的共同妄想）而形成的。个体之所以坚持幻想并不是因为有客观存在的证据，而是因为情感的强化（或犒赏式的感受）——比如，那种温暖、亲切、亲密、特别、甚至是缥缈的情感氛围，恰好呼应了个体早期超我被满足时的美妙感受，而那些被迫害的痛苦感又恰好呼应了个体早期超我未被满足时的挫败感。包括原始精神分析群体在内的原始群体就是基于这样一种相互认同，它可以保证群体特有的幻想和信念始终处在神圣地位，它们永远不会被质疑和检视。

原始群体的情感组合和受到早期超我（archaic superego）支配的心理状态是极具相似性的，这就意味着：早期超我或许是原始群体存在于心灵内部的表征，是认同的产物，但这种认同淡化了客体和主体的存在感，在这种认同下，主体是主体、客体是客体的感觉已经被消除了，主体和客体之间的联系变成了主体、客体之间的融合。这种认同像极了那种让人倍感安全和温暖的无意识幻想，同时它还促进了早期超我这一内在客体的产生，这个超我和自我密不可分，而且还强迫自我失去了区分内在、外在现实的能力，失去了检验某些信念正确性的能力。如果早期超我确实是原始群体在心灵内部的表

征，那么，对原始群体和复杂群体，以及对存在于两种群体中的认同机制的研究，会有助于我们进一步理解早期超我的本质。

在原始精神分析群体中，患者希望把分析师作为一个可以呼应内在客体的外部客体（也就是说，将分析师变为外在的幻想客体），而分析师则希望患者成为符合其内在客体的外在客体（将患者变为外在的幻想客体），但是分析师并不需要按照患者的希望去刻意扮演，他只需要被动配合就可以了。我的意思是，一旦分析师的言辞被患者认为支持了其内心的基本假设幻想，那么患者就会迅速加以配合。因此，如果不想卷入其中，分析师应该从这种强烈的错觉中抽离出来，识别它、分析它。

正因为上述原因，我们才经常说咨访双方都需要修通，而且修通对于咨访双方来说都是颇为艰难的任务。在咨询过程中，我们常常听到那些"相同"的解释反复地被提及，这么做是有意义的，因为它们只是看似相同，但并不是真的每次都是一样的。相反，每次的解释都比前一次更为完善，是基于当时那个情境下的，对先前解释的修正和打磨。在这种情况下，患者就不容易感觉分析师在某种程度上参与到原始群体中。而且，如果分析师某次的解释不小心刚好满足了某些基本假设心理，那么在下一次的分析和解释中，分析师就需要花费一些工夫让自己从中抽离出来。精神分析所要求的"修通"，其目的就是要循序渐进地瓦解咨访双方共同建立的原始群体，在这个群体中，分析师和患者内心深处那些未经检验的假设总是保持着一致的互动。

如果分析师无法调整自己的解释，而是继续满足那些基本假设，那么患者的早期超我会逐渐加强，其代价就是自我的丧失。相反，如果分析师合理地解释了患者面临的困惑以及其行为背后的焦虑感，分析师就强化了患者的自我，而非早期超我。

原始群体达成现实的方法可简单地总结为：努力为某些信念制造出酷似现实的假象。如果这些努力是成功的，那么群体中的成员就会彼此支持，他们共同怀抱一个信念：他们的幻想就是现实。对于一个有效的分析来说，分析师的作用并不是回应患者的强迫、引诱，或者满足其自身的需求，他只是暂时地、被动地支持一下患者所抱持的某些信念，并非出于被迫、被引诱或满足他本身的需求，他会静静地观察自己在患者的移情中所被期望饰演的角色，并且对其进行分析。这种分析可以帮助患者看清楚，那些属于他内心世界的就是存在于自己的内心，而属于外部世界的也本来就在外部世界。更为确切地说，这种分析包含着对原始群体的反思性探索，在原始群体中，分析师和患者只是其中一部分，分析师是作为一个特殊的客体参与其中，咨访关系也是一种特殊的关系。当然，这不仅仅是分析师的工作，患者也需要对此进行反思。

原始群体会试图塑造一种氛围，这种氛围会让那些对原始群体的存在极其重要的信念得以保持。对复杂群体而言，这种情感上的安全感就会受到威胁，因为复杂群体总会将那些信念暴露于理性、残酷的现实之下。任何分析都包含上述两种情况，而且从分析一开始就以不同的比例存在着［正如我之前所说（Caper，1999，第 7 章），早从生命早期就已开始］。

精神分析：特殊的工作群体

在进行总结之前，我要先解释一下拜昂所说的基本假设群体到底为何物，以及它对临床精神分析和精神分析社团或机构的作用。"基本假设活动"是个比较抽象的概念，纯粹的基本假设群体是不存在的。如果一个群体想要保持生命力的话，基本假设活动必须要和被拜昂称为"工作活动"的现实活动相结合。比如，教会必须极力主张上帝的全能性以及祈祷的效力，但是也必须认识到，如果教会成员除了信上帝和祷告以外什么都不做，他们最终还是得饿死。军队也是如此，在受到威胁时，相当程度上的暴力行为可以解决某些困境；但如果不能意识到他们有时也需要非暴力手段解决问题的话，那么军队就会通过无休止的战争而让自己走向消亡。基本假设活动和现实需要是共存的，两者不会完全相互取代或占有。这就是拜昂所说的特殊的工作群体的必要特征。

特殊工作群体的重要功能就是为基本假设活动提供一个安全的港湾，让群体成员可以安全地满足其与基本假设活动相关的情感需要，在得以存活的同时还能还满足现实需求。或许每一个颇具生产力，同时具有健康情感表达的机构（或者所有的人类机构）都可以称之为特殊工作群体。特殊工作群体是基本假设活动和工作活动的组合，前者让群体具有情感活力，而后者则帮助群体面对现实。精神分析也是这样的工作群体，不管是临床精神分析过程中咨访双方之间的互动，还是分析师主动加入某个精神分析机构。

我们前面提到过，原始群体的目的是保证特定的基本群体假设信念的维持，而这些基本假设信念对于群体的情感活力有着重要意义，但这些基本假设信念并不能构建真正意义上的情感。原始群体的成员并不能感受到真正意义上的情感，不能真的感受到彼此之间的爱恨。感受真正的情感，其基础是个体必须体验到自己是和客体不同的存在，其情感也是指向和自己完全不同的客体。原始群体的成员体验到的不是朝向某个客体的真正情感，而是彼此之间情感的简单融合，这种情感常常温暖，甚至炽热，但很少刻骨铭心。原始群体成员彼此心理的融合让他们无法感知到自己和他人的差异性，他们无法将他人视为和自己不同的客体，他们彼此之间高度一致，共享同一主体性（subjectivity）。原始群体的基本假设幻想孕育着激情和情感，但其内部并没有真正欲求的生存空间，真正的欲求一出现就被平息了，制造一种想要的（或想成为的，如果未被视为既定事实的话）早已成真的感受。基本假设幻想的情感就好似一个平面的房子，人们跨进房门的同时也已经离开了。

人类所感受到的真正的情感、激情或者欲求，不仅仅是成员彼此之间（比如咨访双方）的相互认同，它还需要其他必要的内容。考虑基本假设幻想的同时，必须要考虑这样的现实：群体成员彼此各具特征，相互独立，尤其不会像基本假设幻想所要求的那样彼此雷同。只有与现实性相结合才能孕育真正的情感，基本假设幻想所传递的期待——这些情感原型（情感萌芽），只有被现实的可能性浇灌才有机会被真正认识，并成长为真正有意义的情感之树❶。想实现这个过程，就必须认识到：客体是客体，主体是主体，主体、客体彼此差异而独立，主体、客体之间的情感联系只是一种连结，而非融合。

我们以爱和恨为例子，来进一步阐述我的观点。想要经历真正意义上

---

❶ 此处区分了真实情感及彼此认同中迟钝的融合。

的、完整的爱恨，一个人必须能够接纳其所有的感受。同时意识到自己的感受不同于他人的感受，而这种认识往往是原始假设群体最缺乏的。原始群体和复杂群体的结合为个体完整深刻地感受爱恨提供了可能性，因为它让个体感觉到：我，一个独特的自己，对另一个与我不同的客体（可以是一个人或者事物），产生了爱或恨的情感。了解自己的爱恨和其他一般的感受，就意味着和自己的情感相连结，同时也是和另一个与己不同的客体的连结。没有这种基于自我和客体差异性的情感连结，真正的情感就不可能产生。

有效的精神分析群体的重要任务就是为情感原型（即原始精神分析组合的基本假设幻想所蕴含的情感性）提供一个空间或可能，同时还要让咨访双方不会把种情感原型当成真正的情感加以体验。有时候，这会被理解为精神分析对原始情感的制约，当然我们要以特殊的方式来理解这种制约：它并不等同于控制和限制，也不意味着对原始需求进行修剪以让其和群体心理活动的复杂、理性部分相契合。它是以一种方式包容那些原始情感雏形，保证其发展为真正健康的情感，而这种方式绝对不是控制。这个过程的一个经典例子就是通过阐述让患者意识到那些被压抑和分裂的情感（将其带入意识层面），然后让这种情感和与之相关的一切都充分体验。

有效的精神分析群体的另一个任务就是对潜在的情感和某种现实环境进行编织，看看在什么情境下这种情感才最有意义，也就是理解情感的真谛。通过这种方式，基本假设群体的潜在情感就能被表达、被体验和感知，变成心理活动的一部分，或者说变成真正客体关系的一部分，而不仅仅是简单麻木的融合，哪怕这种融合也会让人感到温暖。

当个体真正意识到自己的爱恨的时候，就会变得更为真实，但这种感受也会让我们束手束脚。当我们获得这种感受的时候，我们就不会再去相信那些对我们来说最舒服和最方便的，而只会相信我们真切了解到的。弗洛伊德客观地指出，精神分析惊扰了世界的睡眠。这个过程往往伴随着痛苦，不管现代意义上是痛苦的感受，还是以往所说的耐心和宽容。

临床精神分析，即分析师和患者之间的工作，就刚好是一个独特的特殊工作群体。其工作内容就包含对基本假设活动的反思。这个工作之所以具有创意性，就是因为它让原始情感雏形（基本缺乏客体状态的、原始群体内部唯一的情感形式)变成被充分体验的情感,同时还通过情感性的赋予(如果缺乏和原始群体的连结,就不会具有情感性)让复杂理性群体获得生命力。

这个工作常常伴随着很多不确定性和不安全感。因为原始群体和复杂群体两种力量的结合常常伴随这样的恐惧:两种力量或许会相互破坏。对基本假设进行反思和检验的过程会使咨访双方感受到威胁,要么原始群体战胜复杂群体而情感爆发,要么原始群体被复杂群体战胜而情感隔离。

我们在这里又遇到了俄狄浦斯式的问题:精神分析所期待的原始群体和复杂群体活动之间的创造性组合,与精神分析所害怕的破坏性组合其实是同一事物的两面。精神分析中永远存在的问题是:两种力量之间,创造性的"性"的结合是不是可能?两种组合的彼此破坏是否可以避免?正是这种不确定性造成了精神分析内部的不安全感。

精神分析工作结合了原始群体和复杂群体,而不是像军队和教会那样,通过从未被真正感受和从未消失的情感,提供永久的、安全的、未经检验的基本假设群体的情感港湾。有效的精神分析需要在适当紧张、不安全的氛围中进行,因为其最终目标是对基本假设的检验,进而让这些基本假设以某种方式和复杂群体相结合,而这种方式既会威胁到原始群体的情感性,也会威胁到复杂群体的现实性。精神分析带来的情感安全感来自于让个体认识到不切实际的幻想(先不考虑它能不能实现),让个体能够区分什么是幻想,什么不是。

如果这种安全感听上去是对经历过精神分析之严苛过程的个体的小奖励,那么我们就需要提醒自己,我所描述的这种发展其实是通常所说的精神健全,而且,通过这种方式获得的安全感才是有意义的。但这是一种以原始群体和复杂群体分裂的安全感为代价的精神健全,这种分裂让原始群体的情感显得弥散、且不温不火,还让复杂群体的理性合乎情理。

作为一个文化组织,一个由所有分析师们组成的群体,精神分析已经主动承担检验基本假设的任务。这对于基本的情感驱力雏形来说是一个改革性的态度。但是改革必然面对阻碍,在精神分析过程中,基本假设会不断地证明自己的存在,比如导致精神分析工作的倒退,让其从根据经验和理性、对基本假设的检验和分析的群体转变为过于依赖基本假设活动或过于依赖复杂活动（基本假设活动和复杂活动是分裂的）。由于此前特别强调要客观地认识高度情感性的基本假设或信念，并且深切感受其中的情感，我们倾向于毫无批判性地接纳这些信念，并且貌似理智地将它们解释为"不合理、不理性的"。上述种种都会导致真实情感体验的模糊，并且丧失内在和外在的现实感，因为真实的情感体验和内外现实感的获得都依赖于对情感体验的客观准确的理解。

在临床精神分析中，分析师有时候会对"不合理"信念给出貌似合理的解释，其具体表现形式是为特定的情感体验"贴标签"，比如某些情感是"原始的""幼稚的""病态的"，他们通过这种方式压抑或转移这些情感体验。我们称之为"独裁式的分析"。

对基本假设信念不加批判地接纳就是对"独裁式的分析"的反应，是原始群体和复杂群体活动彼此彻底的分析式整合的反面形式。有人认为，如果咨访双方可以形成一个友好的、让人愉快的关系，那么，单靠着这一点，阻抗就会在温暖和信任的氛围中慢慢消失，咨询的意义就会出现，这种关系就是所谓的"好的咨访关系"。与之不同的观点是：分析过程中需要对阻抗进行阐释和修通，正是这个艰辛的过程造就了精神分析式的关系。或者说，由于分析式关系的本质是基于深刻理解的关系，咨访双方为了达到和维持这种关系，需要付出艰苦卓绝的努力。

上述两种咨访关系的差别实际上是两种好的关系之间的差别。一种是咨访双方通过鼓励好的感觉（剔除不好的）而建立的好的关系。另一种是分析中产生的感受和体验非常富有成效，可以在现实层面上满足咨询关系中面临的挑战（包括关系中不太好的方面）❶。

上述两种关系的分歧最早可以追溯到弗洛伊德写就《群体心理学》之后的几年。在 1927 年举行的儿童精神分析论坛上，梅兰妮·克莱茵表示和安娜·弗洛伊德曾经就咨访关系给出完全不同的看法（Klein，1927）。安娜·弗洛伊德认为：分析师需要在咨询中逐渐培养孩子们的安全感，让他们对分析师产生信任感，在这种基础上，他们就会相信分析师给出的阐释。克莱茵的

---

❶ 任何形式的人类关系都是如此，但是相关内容不在本文讨论范围内。

观点与之不同：他认为分析师应该先提出针对某些问题的阐释，在此基础上患者才会产生真正的信任，因为这种信任以接纳现实为基础，因为阐释让他们意识到分析师是和其早期超我完全不同的个体，他们需要接纳这一点。

克莱茵提出的这种咨询关系给分析师提出了挑战，这需要分析师们对精神分析有足够的勇气和信任感。克莱茵（Klein, 1927：167）提出了这种关系的本质：

对精神分析师而言，不管坐在其对面的是儿童还是成人，他们需做的都不仅仅是通过使用所有分析式技巧、摒弃直接的说教，去建立并保持一种分析式的关系，除此之外，如果他想把咨询做好，一个儿童精神分析师还需要像分析成年人那样抱有一种无意识视角。分析师应该乐意去分析，而不是操纵和指挥其患者。如果分析师能够忍受过程中的焦虑，他就可以平静地等待契机的出现，随着精神分析的进展，问题自然会得到解决。

精神分析：一种配对群体

1961 年，拜昂提出第三种形式的基本假设群体，即配对群体（pairing group），与战-逃群体以及依赖群体不同，这种形式的群体并不是弗洛伊德提出的无组织群体。由于精神分析是咨访双方组成的群体，那么问题来了，配对群体的基本假设究竟在精神分析过程中起了什么作用？

拜昂认为，配对群体的基本特征是"救世主式"的希望感。这种感觉"和恨意、破坏、失望的感觉截然相反。不像战-逃群体以及依赖群体都有一个'统治者'，配对群体的统治者还没有诞生，这一点对配对群体希望感的维持是十分必要的。在配对群体中，正是某个并不真实存在的人或者某种信念让群体不受到恨意、破坏、失望的感觉的影响。为了达到这一点，'救世主式'的希望永远不能实现。在配对型基本假设的影响下，工作群体就很容易受到'救世主'的影响，'救世主'可能是一个人、一种信念或者乌托邦。如果它一旦被实现，群体的希望感就会减弱，这样一来，恨意、破坏、失望的感觉就无从被影响，群体成员就重新体验到上述感觉，这反过来又加剧了希望感的削减。因此，配对群体的成员必须保证群体的救世主希望无法实现"（Bion, 1961: 151-152）。

一个颇有意思的假设是，在精神分析过程中，配对型基本假设得以表现的方法是幻想（可能来自于分析师或者患者，或者咨访双方）：幻想着分析师迟早会通过某些办法将患者从不可逃避的压力中解救出来，这种压力存在于精神分析内部，来自于原始群体和复杂群体两种力量的抗衡。我们之前提到过，精神分析内部的原始群体和复杂群体两种力量会以彼此为代价，恨意的产生几乎是必然的。但是，尽管彼此厌弃，但它们仍然无法脱离对方而存在，因为如果其中一方被完全破坏或者消失，精神分析将无法进行，因为精神分析过程的维系需要两种力量的平衡，而有效的咨询也需要一定程度的压力感。

既然精神分析存在一定程度的压力感，就总有人想要逃避这种压力。"救世主式"的希望就是精神分析配对群体的典型特征，即坚信咨访双方迟早会达成一种"已经被分析"的状态，这种状态最终能够将咨访双方从矛盾和冲突中解放出来。

针对精神分析中救世主式的希望，还有另外一种理解，即：咨询可以让无意识内容意识化、用理智取代激情，患者在咨询结束以后能够变得相当"理性"。在实际情况下，这种结果往往相当于对无意识的破坏、对患者的挫败。除此以外，还有另外一种对救世主式希望的理解，即精神分析最终能让患者毫无冲突和挫败感地去体验激情。

拜昂反复提醒我们，救世主式的希望应该存在于未来，而不是现在和当下。因为任何现在的、当下的类似救世主或乌托邦的存在都注定让人失望。但是，如果我们将精神分析作为配对型基本假设群体，就还有一个理解来解释为什么救世主式的希望永远不会实现。因为，消除咨询中原始群体和复杂群体之间（两种力量总是相互依赖的）的紧张和压力，就意味着精神分析之死。在这种情况下，救世主式的希望就等同于涅槃原则（Low, 1920: 73）：通过消除了所有的压力和紧张，弗洛伊德所说的快乐原则便得以实现。但是，弗洛伊德（Freud，1920）说过，这种状态等同于死亡。精神分析的咨访双方，一方面期待救世主，另一方面恐惧救世主，因为它的实现意味着生命力的消亡，但紧张感是所有真实的、有生命力的咨询，甚至是生活的必要因素。

参 考 文 献

Bion, W. (1961), *Experiences in Groups*. New York: Basic Books.

Caper, R. (1999), *A Mind of One's Own: A Kleinian View of Self and Object*. London: New Library of Psycho-Analysis/Routledge.

Cavell, M. (1998), Triangulation, one's own mind and creativity. *Internat. J. Psycho-Anal.*, 79:449–467.

Freud, S. (1920), *Beyond the Pleasure Principle. Standard Edition*, 18:1–64. London: Hogarth Press, 1955.

Freud, S. (1921), *Group Psychology and the Analysis of the Ego. Standard Edition*, 18:69–143. London: Hogarth Press, 1955.

Freud, S. (1941), *Findings, Ideas, Problems. Standard Edition*, 23:299–300. London: Hogarth Press, 1964.

Klein, M. (1927), Symposium on child analysis. In *The Writings of Melanie Klein, Vol. 1: Love, Guilt and Reparation and Other Works, 1921–1945*. London: Hogarth Press, pp. 139–169, 1975.

Lear, J. (1998), *Open Minded: Working Out the Logic of the Soul*. Cambridge, MA: Harvard University Press.

Low, B. (1920), *Psycho-Analysis: A Brief Account of the Freudian Theory*. London: Allen & Unwin.

McDougall, W. (1920), *The Group Mind*. Cambridge, UK: Cambridge University Press.

Strachey, J. (1934), The nature of the therapeutic action of psychoanalysis. *Internat. J. Psycho-Anal.*, 15:127–159.

复杂群体中的权力和领导力

亚伯拉罕·扎莱尼克❶ (Abraham Zaleznik)

挑衅弗洛伊德并非难事。对于一个社会学取向的精神分析师来说，他可以将弗洛伊德写于 1921 年的《群体心理学与自我分析》作为和弗洛伊德展开辩论的最简单的切入点。

弗洛伊德写《群体心理学》的最初动机，是为了证明勒庞的 "暴民"（mob）和特罗特的 "群体"（herb）都是力比多理论而非原始本能的典型代表。但后期针对该著作提出的质疑又说明弗洛伊德在论著中所采纳的例子也并不能彻底说明问题。教会和军队，这是两个人为群体的极好的例子，它们确实也能够支持弗洛伊德的论点，不管是用暗示性解释暴民行为，或者用合群性来解释乌合之众的群体现象，但这并不是最终的解释性理论。最后，一切还得再回到催眠，这个早期精神分析最为关注的话题。通过对催眠的研究，弗洛伊德提出群体聚集的定理：初级群体（primary group）由这样一群个体组成，他们将其中同一个客体摆放在其自我理想的位置上，之后彼此之间相互认同（Freud, 1921: 116）。

从社会心理学的角度出发，初级群体是指可以实现面对面互动的、最少人数组成的群体。家庭就是这样的群体，除此之外，自发形成的群体（Whyte, 1943），比如街头帮派、工厂或办公室的一个

---

❶ 亚伯拉罕·扎莱尼克：美国哈佛大学商业管理研究生院的领导学名誉教授，拥有精神分析从业资格，是美国精神分析协会的活跃会员。除了是一位重要的商业咨询师，他还有许多与机构议题有关的著作。

工作团队，这些都可谓初级群体（Zaleznik，1956）。按照社会学家的定义，军队和教会确实包含了初级群体的特点。但是军队和教会是庄严而庞大的群体，其认同本质已经远远超过了初级群体，因为初级群体只是这些庞大复杂群体内部的实体单元。对小群体来说，对领导者的依恋和认同对于小群体的凝聚十分重要，但是大群体中更强大、更广泛的认同却没有这么简单，它的机制相当抽象。对教会来说，教徒认同基督；对军队而言，战士们则怀揣爱国主义的热情和既往战绩的荣光，为了心中的英雄主义而战。这些复杂群体的认同是相当抽象的，赋予其意义和力量的不是客观的事实，而是仪式和理论，是初级群体中领导者和成员的种种连结。我们常常可以在操纵人际关系的领导力规则中，发现那些形成认同感的抽象概念和初级群体凝聚力之间的联系。美国著名的历史学家道格拉斯·S.弗里曼（Douglas Southall Freeman），第二次世界大战后在军校关于领导力的演讲中，用简单的三句阐明了领导力规则：①了解自己；②成为领导者；③管理好下属。

　　社会学家和弗洛伊德的争论仍在继续。由于弗洛伊德急切地想要证明力比多理论在群体形成中的作用，他忽略了以下事实：任何群体，尤其是庞大复杂的群体，都是在某种明文规定或潜在的、可以表达个人利益的契约的基础上组织起来的。弗洛伊德对初级群体和人为群体的区分让其处在这样一种位置上：他要处理的课题远比军队和教会所能证明的问题要广泛得多。相对于把庞大组织称为人为群体，我更倾向于称之为复杂群体。这个术语的含义更为广泛，可以包括公司企业、教育、公共服务或者政治群体。

　　弗洛伊德意识到，很多不同的群体都可以对个体产生影响，而且群体中的认同感在自我的形成过程中起着非常重要的作用。他（Freud，1921：129）认为：

　　每个个体都是数个群体的组成要素，他们会被很多种认同感所束缚，他在整合数个不同的榜样或模范的基础上进而确立了其自我理想。每个人都为某种群体心理的形成贡献自己的力量，比如种族、阶层、信仰、国籍等。同时，他也让自己在一定程度上高于群体以保持一些独立性。

———————————————————————————

在涉及群体对个体影响的问题上，有一点是弗洛伊德一直在探索的：作为某个行业的一员，尤其是那些公司经理人或者政府部门负责人，他们在多大的程度上能够通过认同或者自我的其他功能对群体成员施加影响。相比群体对个体的影响，更具挑战的问题是永恒存在的领导力问题，是"保持一些独立性"的个体如何带来变化以及更多经济效益（来自于作为雇员或者股东从某些群体中的获益）的问题。

在说明群体资格对个体的影响之后，弗洛伊德提出这样一个信条：个体是高于群体的存在。从催眠，到陷入爱恋，再到群体资格的探索，弗洛伊德对认同的看法一直基于以下原则：处在对客体或群体资格依恋和认同中的个体，需要在很大程度上放弃其潜在的自主性。但是这个原则对群体领导者来说并不适合。在认同中，"群体成员迫切需要一种幻觉：群体成员彼此平等，且被群体领导者以同样的方式给予同等的爱，但是领导者不需要爱除自己之外的任何人，他是傲慢专治的，具有高度的自恋、自信和独立感"（Freud，1921：123-124）。或许是吧！但是，群体领导者或许擅长制造幻觉，并将这种幻觉传递给群体所有成员，同时还能够忽视在达成目标的路上出现的各种反对意见。换句话说，复杂群体并不一定是庞大的，它拥有一个权力中心。不管群体领导者多么努力地想要表现自恋姿态，和其他方式相比，他们都需要通过满足成员的利益进而对其施加影响。这种现象就是利益原则，利益原则适用于大多数复杂群体。领导者处理利益原则的不同方式，就反映在他们的权力和树立权威感的行为表现上。这种方式的不同包含认同和其他自我功能，比如从早年到成年期自我发展过程中的利益和天赋的表达。

很多社会学家，尤其是乔治·H. 米德（George Herbert Mead，1956）曾经对以下论点提出抗议：个体进入群体后，就变得几乎一无所有，因为他们不成比例地为领导者贡献了很多，赋予其巨大的权力。和弗洛伊德的精神分析论点不同，米德认为自我隶属于社会，具有社会属性。社会化通过群体资格而发生，从家庭开始，通过学校、工作和其他自愿性组织而加强。社会心理学家和社会学家对自恋性领导力表现出极大的质疑。虽然他们大多数时候会中规中矩地表达质疑，但他们仍然相信初级群体和复杂群体领导者的目标是（或者应该是）：在初级群体中构建民主氛围，在复杂群体中赋予下属权力。在这些情况下，领导力是通过将自己的权力转移给群体而削减了自己的权力的有意识努力，甚至是以牺牲领导者的自主性为代价。实际上，在美国如果流行群体心理学自恋型领导者根本无法容身（Lewin & Lippit & White, 1939）。

在其他学者就群体心理学与弗洛伊德的冗长争论中，还有一个颇受重视的观点。弗洛伊德一直急切地想要阐述其力比多理论，并且证明群体心理学起源于原始部落的传说，即原始群体中最小的那个儿子杀死父亲，并且在一群兄弟中制造图腾崇拜。在这个过程中，弗洛伊德忽略了复杂群体中的指定权威（designated authority）以及其相关作用。

现代经济体想要立足和发展，就需要面对复杂的市场和经济活动，这一点在企业尤为明显。早在 18 世纪工业革命开端，伴随着工业技术的创新和雨后春笋般出现，很多组织都发展出卓富成效的机制，以至于在当今市场中占据主导地位。比如，美国杜邦财团、AT&T 这样的大企业。然而，对这样的大企业而言，他们的雇员可能并不认识他们的首席执行官（CEO）。甚至是那些人尽皆知且魅力非凡的领导，比如微软的比尔·盖茨、通用集团的韦尔奇，员工虽然知道他们，但是他们却是遥远的，不可触及的，他们神话般的历史也是模糊的。在大多数员工的心里，这些领导者之所以与众不同是因为他们太有钱、太有地位了。

如果我们想要挑战或修正弗洛伊德的群体心理学理论，我们就需要重新考虑现代经济体中领导者的影响力，乍一看，在这样的大企业中，力比多和认同理论可能都没办法解释群体形成和群体行为。取而代之的是个人利益，即个人利益决定了人们在复杂群体中充当什么角色、发挥什么作用。

I

大多数人因一纸契约和公司产生关系：用自己的一技之长为公司提供服务，同时换取金钱和报酬。对高层次领导者来说，尤其是公司首席执行官，他们往往和公司主席签署书面合同。对于低层次的员工来说，他们的合同可能就没有那么正式，有时候甚至是口头的，这就是他们雇佣关系的基础。以服务换取金钱报酬，是公司和雇员关系的实质。如果不遵守合同条款，关系也就终止了。

如果个人和公司的关系可靠而且富有成效，彼此获得的好处可以与日俱增。对公司来说，他们从雇员的活力和创造力中所获得的好处可能已经大大超越了工作本身的需求。个人在工作中大展拳脚施展才华，可能也获得了巨大的满足和大量的财富。他们或许会满足于同事之间的关系。事实上，他们也许会参与复杂社交活动，甚至是成为公司社会网络的一部分，而这些是在合同中表现不出来的，但这些企业内部形成的小团体可能会对公司这个大群体造成不利的影响，比如，工会就是这样性质的群体，他们常常会因某些合同条款和公司发生矛盾和冲突，进而导致了长时间的停工状态和无休止的谈判，这当然是公司不愿意看到的。

所有契约关系的背后其实是个人利益。如果雇员可以找到更高薪、更有趣、社会地位更高的工作，他们就会放弃原来的工作。高层次雇员的跳槽或人才流动往往比低层次雇员更容易。同样的原则基础是： 如果你想改变人生境遇，合理的行为就是抓住机遇。公司理所当然想要留住人才。但是往往留下来的人没有太多选择性。他们变得更加依赖公司，对于负性事件更为敏感，比如破产、兼并或者裁员。

如果用直接的心理学视角理解契约和经济学，我们要记住以下事实：契约和个人利益系统的互动发生于权力的积累和练习中。要了解这一点，请参照自我心理学，而非力比多理论。自我的自主性（autonomy）是个体获取权力并且学会有效使用权力的能力的直接功能。

弗洛伊德（Freud，1921：129）提出：个体参与到很多不同的群体，但是个体"让自己在一定程度上高于群体以保持一定的独立性和创造性"。或许他一直是这么想的：才能的培养通过权力练习来表现，而这刚好和群体资格导致的依赖性相对立。

"让自己保持一定的独立性和创造性"提醒我们思考什么是权力的本质。权力是一个人可以引导或改变他人思考和行为方式的潜在能力。从这个角度考虑，权力、权威（authority）、影响力三个概念应该加以区分。权威是一种假定权力：如果个体在组织中占据一席之地，或因为确定资质进入群体成为群体一员时所能享有的权力。若要将权威转化为权力，个体还需要付出较大努力（尤其是心理层面），他要内化权威感之源（带来权威感的事物），而忽视这个过程中可能伴随的罪恶感、焦虑感和羞耻心，要将这些不良的感受合理化。个体成长为权力人物的过程就是对他人施加影响，过程成功会导致内化的权力感的加强。被影响的客体会在物质层面和内心深处感觉自己得到回报。对弗洛伊德的群体心理学非常重要的"领导者自恋"有一个理性基础，这个理性基础不仅仅归因于依赖自恋型领导的退行现象。

然而，许多例子显示，当领导者由于初期的夸大狂或顽固的重复强迫行为而处于病态性自恋时，内化的权力基础便是不理性的。《纽约时报》和《华尔街日报》都在 1998 年 6 月 15 日（星期一）以头条新闻的形式报道了阳光电器总裁被开除的消息。阳光电器总裁阿尔伯特·J. 邓拉普（Albert J. Dunlap）一贯享有很好的声誉，他的自我提升之道相当精彩，不仅如此，他还特别擅长为企业持股人创造利益。他看起来冷酷无情，通过"无限制降低成本、大规模裁员"等一系列手段将企业扭亏为盈，并因此获得盛誉和"电锯阿尔"（Chain Saw Al）的绰号。他把同样的策略运用于皇冠木材公司和斯科特纸业公司这样的企业。他通过减少成本和出售资产甚至整个企业的方式，为自己和股东赚取了巨额利益，赢得了妙手回春、起死回生的美名。当他把斯科特纸业卖给金佰利纸业公司时，他也是这么做的。

按照弗洛伊德对自恋型领导者的描述（只爱自己，不爱他人），邓拉普无疑是合格的。正是出于自恋，他才会发动大规模的职位精简和裁员。他的自我理想是：我是一个以股东利益为一切的冷酷领导者，当然这一切的最终目的是利己。邓拉普（Dunlap，1996）曾在他的《肮脏的商业》（*Mean Business*）一书中公开宣称，他被雇佣的目的就是创造商业价值。与邓拉普的自我理想相反的首席执行官（CEO）却体贴员工，关心下属，只有在最无奈的情况下才会临时解雇员工。对邓拉普而言，这种同情的形象只会招致嘲笑和蔑视。

当邓拉普接管阳光电气总裁一职时，投资大众就对邓拉普抱有很高的希望，单单靠着这一点，阳光电器股价从每股 12 美元涨到 53 美元。然而，邓拉普在阳光电器的表现失误了，后来，他的财务决策出现问题，似乎涉及膨胀销售额和收益。在报纸对其进行报导时，阳光电器股票交易价格低至每股 8 美元，很多人因此赔钱，其中也包括两位持有阳光电器大量股份的大股东。

领导角色的连续性对于企业是非常重要的，虽然没有明说，但行内人都懂这一点，也正因如此，企业董事会不到万不得已不会把总裁开除。传统企业的董事会一般很难运作权力而做出果断的行动，因此，我们经常看到因为失去领导者导致整个群体陷入茫然的例子。但是时代变了，现如今的董事会很重视问责制，少数投资机构或者个别企业家持有企业大量股票时（正如阳光电器公司）更是如此。开除邓拉普的决定让我们意识到，领导者角色失败会挫杀群体的整体士气。这证实了弗洛伊德（Freud，1921：97）的主张："在某种意义上失去领导者，对他产生的疑虑会带来恐慌发作……当成员和领导者的连结消失的时候，成员彼此间的连结也会因此消失。"

对于上述情况（群体成员对领导者被辞退的反应），恐慌一词太过强烈，可能焦虑更合适。在正式组织中，关系一开始来自契约和角色定义，个体通过角色定义和领导者以及权威阶层以某种并列的形式结盟。与领导者的连结来自契约和隐藏其下的利己机制。同伴之间的连结也受利己机制的支配，这一点似乎和弗洛伊德的观点相矛盾（弗洛伊德认为同伴把同一位领导者置于其自我理想的位置，借此达成相互认同）。这种认同让我们形成这样的印象：利己机制让位于群体共同目标和群体成员的共同福祉。但这种矛盾是表面的。复杂组织中有多样化的劳动分工，群体成员各司其职，而群体共同目标就有赖于其中每个个体劳动义务的履行。所以，更合理的表述是：对群体成员而言，领导者象征着群体共同目的，劳动分工的必要性则是为了满足群体成员的个人利益。对愤怒、焦虑、绝望情绪的产生而言，劳动分工的失败仅次于权威人物的失败。弗洛伊德主张领导者的首要地位论基本上是正确的。然而，在了解复杂组织中的行为时，它需要被详述。

Ⅱ

"如果忽略领导者的话，我们就不可能掌握群体的本质。"（Freud，1921）。

复杂组织中的领导者都是被指定的。他们或是直接被指派，或是按照群体规则参加竞选而被置于领导者的权威位置上。在契约关系下（不管是明文规定的还是潜规则的），下属都会理所当然地听从权威人物的支配。但不应该就此假定，这种对权威的顺从就等同于领导者的权力。

或许在政治组织中，权威与权力之间的界限最显而易见。只有当下属认为领导者的动机和自己的利益、信念相一致时，权威才会被赋予权力。一旦上述假设成立，下属就会感知到上级的权力，而且认为自己的利益和上级利益是一致的。事实上，被弗洛伊德认为是群体凝聚力基础的认同机制，是管理者行为和共同利益归属的直接结果。哈佛大学政治学教授理查德·纽斯达（Richard Neustadt），曾获得有关美国总统办公室的第一手资料。

从形式上来说，所有总统都是领导者。但事实上，他们也只是政府的办事员。所有人都期待住在白宫的那个人在一切他们所关心的问题上有所作为。法律赋予他们权力，但这并不意味着其他政府部门都屈服于他，它仅仅意味着倘若没有他的批准，其他人将无法开展自己的工作。他们是为自己服务，而不是为总统权力服务，这让他们在形式上要接受总统的领导（Neustadt，1964：6）。

对政治组织而言，官员可独立于总统而自行建立选区和权力基础，企业与之不同，企业权威更直接更统一，来自企业高层。企业领导力的有趣变量是企业的首席执行官们如何维持权威阶层。如果领导者不慎放弃控制权而允许独立权力基础兴盛，他的领导注定会失败。不利的情况也因此出现，人心涣散，企业一直以来追求的目标受到威胁。同时，如果下属感觉勉强或被上级过度控制，那么即使没有公然造反或另谋出路，也会变得被动。

有关领导者如何平衡控制权以及下属自主权的问题，我们可以在一个大学校长的案例中了解一二。已故的社会心理学家道格拉斯·麦格里格（Douglas McGregor），其一生大部分时间都在麻省理工学院教授群体行为学和领导力学。后来，他为了践行其有关领导力的理论，接受了安蒂奥克大学（Antioch College）校长一职，而且一做就是六年。在他即将离开这个岗位时，他写道（Douglas McGregor，1966）：

来到安蒂奥克大学之前，我曾以组织顾问的身份观察并参与了很多组织的工作，也和他们的高层共事过。我以为我已经很了解那些领导者对责任的认识以及引导他们做出决策和行为的动机。我甚至以为基于我对他们的了解，如果我担任领导者一职，我肯定可以避免他们遇到的问题，但是，我错了！……比如，我曾以为领导者可以以某种类似组织顾问的身份成功管理一个组织。

我想到我应该避免成为一位"老板"。我可能潜意识里希望自己避免那些不愉快但又必须要做的事，比如，身为领导要做出种种困难的决定，在各种不确定因素中果断选择并为行动负责，犯错后敢于承担后果。我认为我可以让每个人都喜欢我——建立一种没有争吵和失望的"好的人际关系"。我想，我真是大错特错了。

对责任的觉知，以及对未使用权力会破坏权威结构的认识会战胜对自己的被动愿望做出让步的倾向。但那不只是通过权力去支持权威、最终让下属完成各自职责的渴望。如果领导者希望获得下属的热情支持，他提出的目标必须合情合理，甚至可以让人产生一种兴奋的感觉。领导者的被动性可以有很多表现形式，其中一种是重视过程而非问题本质。

在大型企业中，一个新近指派上任的领导者让其董事会成员提意见。他决定委托一个咨询公司对企业策略进行研究，为企业发展新方向提出建议。因为随着一个主要竞争者的快速发展，该企业已显著衰弱，此时急需确定新的发展方向。

某位董事的意见是领导者的提议并不明智。他说："对这个工作而言，你是新人，按照我的意思，你应该拜访各个工厂，花大量时间直接和下属一起工作，以掌握业务和职员的第一手资料。同时，也让他们了解你这个人、你的思考方式，以及你对企业发展方向的观点。但这个时候委托别人，外聘咨询顾问会站在你和下属之间。你把权力移交给咨询公司，这样一来，你就无法了解他们的观点，也无法直接判断咨询公司提出的分析报告的质量。"

但是，领导者并没有理会董事的忠告，而雇佣了咨询公司。他们进入公司后，举行个人或群体的晤谈，表面上听取关键人物对企业未来发展目标和策略的看法。在这个过程中，个人的意见没有彼此隔离。组织对领导并不了解，也无法根据他们平时的表现评判他们各自的观点。重视过程，忽略本质，我们当然可以预见，咨询顾问肯定会为企业提供一套有利于利润增值的意见，遗憾的是，这些意见从整体上没有顾及到企业所面临的真实困扰。只有当领导者对行动计划有控制权时，有利于企业彻底整改的方案才能真正得以实行。结果，这个企业很快宣布失败并进入破产，造成局面混乱与员工的痛苦。

过程存在的目的是让人们表面上可以通过一套方法学对问题进行识别和解决。过程导向的范例是，通过成本-利益分析技巧和任务小组的建立，分析并解决问题。关注问题本质则是在领导者的领导下直接面对问题，这个领导者在一开始就负责市场、产品和技术的相关问题。

人们需要了解问题实质。一味陷入过程就容易迷茫，那些花费于各种会议的时间都被浪费了，而且员工也会对领导者的权威失去信心。

让自己依附于权威的最合理的理由是完成有实际回报的工作。真实的领导力才能把权威变现，把权威转换为被众人接纳和尊重的实在权力。为何权威会失败，我们可以在领导力性格变量的理解中去探索。弗洛伊德的《群体心理学》开启了对性格的研究，其中包括了解复杂组织行为时要考虑的变量：领导者的实质能力。

Ⅲ

我们经常发现权威人物的行为具有可变性。有人或许会说，这种可变性和环境不同有关，因为人们总是会为了满足不同环境的需要而调整自己的行为，然而，大量事实却证明一个相反的观点：权威人物的行为和性格密切相关，即一个人对内外刺激的习惯性的反应方式。

政治学家哈罗德·拉斯韦尔（Harold Lasswell）在 1930 年曾经发表名为《精神病理学和政治》（*Psychopathology and Politics*）的著作。他认为权威人物的个人冲突（特指神经症性的冲突）会渗透到其行为、决定以及策略中。拉斯韦尔将这种现象称为"个人冲突和公共事件"。

除了人格形成受阻而产生的病理结果，权威人物在很多方面都表现出其性格特质，比如行为一致性，他看待问题、世界的倾向性（根据特定内在特性和客观环境要求形成看待事物的倾向）。表 1 所示个体的主要取向（人、策略、观念）和性格（被动型、反应型、主动型）的相关性。

表 1　领导类型的取向和角色

主要取向	性格		
	被动型	反应型	主动型
人	平衡型		
策略		调节型	
思想			积极型

表中对角线方向排列以下术语：平衡型、调节型、积极型，三者代表行为模式或者领导风格。平衡型意味着领导者以保持组织稳定性为目的，当组织受到内外压力干扰时，他倾向于让组织恢复至平衡状态。调节型倾向于缓和外在压力，在组织内部做调整以满足外在要求。积极型则充分利用组织资源去改变环境。也就是说，首先提出愿望，进而主动利用环境，领导者要通过能力和想象力来重新定义环境，并调整组织目标。一般而言，企业经理人往往采用平衡型和调节型，而真正的领导者往往是积极型的（Zaleznik，1992）。

如果领导者的性格没有显著缺陷，我们就很难确认拉斯韦尔在1930年所提出的观点：个人冲突将决定行为并产生严重的公共后果。人们或许可以推测，但是很难清楚地观察神经症到底是如何影响领导者行为的。冲突所引发的行为总是受到很多现实问题的干扰。此外，组织内的角色结构和不同角色的权力分配可以让组织免于夸大狂或其他类型的权力滥用。

对复杂组织尤其是大企业而言，人们会放大那些有助于发现群体心理和行为异常状态的事实。他们遵循阿克顿公理（Acton，1948：25）：权力是会腐败的，绝对的权力绝对使人腐败。但是权力腐败有什么样的后果呢？

家族式（家族占有或家族管理）企业往往会表现出明显的异常。对这些企业而言，阻止神经症性表现的保护性屏障几乎不存在。因此，家族式企业就是我们观察心理退行和群体病理学（不管是和领导者有关还是不存在领导者）的范例。

Ⅳ

弗洛伊德（Freud，1921：121）提出："社会感来自于某些敌意的反向形成，这种敌意最开始基于对认同本质上是一种积极连结的认识。"

《群体心理学》通篇都暗示着弗洛伊德其实已经认识到群体成员之间的关系本质其实是相当不堪一击的。就拿兄弟姐妹之间的情谊来说，他们之间的爱其实最开始都来自于某些负面的感受。当父母被内化到自我理想的位置时，个体对兄弟姐妹的认同才会逐渐固化，敌意被压抑，但潜在的敌意并没有真正消失。兄弟姐妹是彼此平等的，这本身就是脆弱的神话，当生活事件再一次冲击这些神话的时候，潜在的敌意就会被增强。弗洛伊德提出过社会公平定理：我们要对自我的很多方面进行压抑，只有这样，别人才会这么做（Freud，1921：121），这和现实相互矛盾，尤其是兄弟姐妹会出于彼此平等的神话去共同完成某些事情。这种平等神话常常对领导者形成一定的阻碍，使得他们在经济竞争中无法真正地放开自我并施展拳脚。家族企业最终的衰败可以直接归因于兄弟姐妹们无法赋予其中某个人执掌大权的权力，也就是说，他们不同意其中的某个人成为真正的领导者。只有当群体成员都一致且自发地接受领导权并屈从这种权威的时候，领导力才能真正发挥作用。有关权威合理性的概念❶，可以参考更多的社会学文献。权威合理性的心理动力支撑常常来自于权力的内化，且该特殊权力和个人利益相协调。同时还要认识到，如果没有特殊权力，个人也无法根据个人能力发挥作用。

　　比如，一个初具规模的零售企业，经过兄弟四人的共同努力最终发展为一个商业组织。兄弟四个各具天赋和兴趣，他们在老大的领导下共同努力发展该企业。虽然老大行事严厉甚至时有鲁莽，弟弟们还是会包容这一切并且接受他的特立独行。随着时间的流逝和企业的发展，弟弟们也将自己的孩子甚至是女儿女婿介绍到企业，让他们担任一官半职，而这些人可能并不具备过人的天赋或者根本不适合经商。随着自己的老去，他们更加关心企业权力交接转移的问题，这时候，他们就会开始寻求咨询。

　　分析师往往会发现两代人观念上的显著差异。那些创立商业帝国的第一代常常会对所谓的晚辈感到失望，在他们眼里，这些晚辈虽然也已经有四五十岁了，但还是缺乏开创性。晚辈却责怪前辈拖他们的后腿，认为上一辈人不允许他们创新，尽管事实上他们想要首创一种零售连锁模式的想法已经得

---

❶　参见：Talcott Parsons. *Structure and Process in Modern Societies*. Glencoe，IL：The Free Press，1960，pp. 20-21.

到了前辈的支持。他们想要努力将企业做大做强。由于晚辈总是抱有这样的信念:前辈一直在试图压制他们。在这个信念的影响下,好像晚辈所做的一切都不能被意识到。这种信念的作用是在任何时候都保持平等幻觉,包括所获报酬的绝对平等。

分析师常常试图通过相关文书来打破这种平等神话。他们通过相关文书向企业的两代人推荐一种新的组织模式,这种模式主张将权力同时分配给晚辈中的两个人,一个做主席,另一个做董事。分析师认为这么做是有道理的,因为平等神话在商业决策中逐渐起不到什么作用,而且还会阻碍非家族企业的工作效率,因此主张权力分配。

在两代人进行小组会议时,分析师需要完善文书以及相关的建议。这时,一个年轻晚辈的妻子可能突然出现并提出参加会议,原因是她对权力分配不均的问题感到愤怒,她认为在这种情况下,自己丈夫要受制于主席。这时候,分析师告知其不适合参会,之后她会愤怒地离席,她丈夫也为此倍感尴尬。

分析师会对文书和建议进行总结,同时指出一味追寻平等是不现实的,也不利于企业发展。年轻人会指责分析师过于专断。其中一个人把分析师称为"阿亚图拉"(ayatollah)(译者注:伊斯兰什叶派十二伊玛目支派高级教职人员的职衔和荣誉称号),这个年轻人可能目前正在关注伊朗国王政权倒塌的新闻。

当年轻人对分析师的书面报告和建议愤怒地予以拒绝时,前辈们一直保持沉默。会面后,晚辈们让分析师离席,同时思考自己何去何从。之后,分析师接到其中一个晚辈的电话说他们一致决定烧毁所有文书,一切照旧,仿佛它们从来没有存在过一样。 1 年后,分析师又接到这个晚辈的电话,告诉他他们打算重新接受建议,指定一个主席和一个董事,同时还扩大某些外聘(非本家族管成员)管理者的权力范围。

几年后,该企业宣布破产并进入清算程序。分析师收到相关报告,通过分析,他发现该企业最终输给了那些有强大领导者和适应性更强的大企业。这个结果证明了什么是"为时已晚"。

人们在这些家族企业中常常发现潜藏于群体过程中的集体否认机制，家庭成员常常心照不宣地想要避免冲突以支持某种神话（译者注：比如上文的平等神话）。弗洛伊德（Freud，1911）在史瑞伯个案的研究中提出，观察者经常会搞错真正能解决问题的办法，这意味着妄想症状其实是对更加灾难性的心理退行的防御。同样地，为了维系某些神话而出现的群体，其实也是用来防御严重的退行，用来阻止类似手足之间相互竞争的愤怒爆发。然而，该过程所致的平衡包含着对领导权的拒绝，即群体成员否认自己需要领导者。但是在市场经济中，所有企业的最终目的是生存下去，在这种残酷的环境下，企业真的应该思考一下这个过程到底值不值得。

V

"在群体中，如果自恋性自爱（narcissistic self-love）受制于群体内部的种种限制，强有力的证据表明群体形成的精髓在于群体成员之间出现的新的力比多联系。"（Freud，1921：121）

自恋，或者自爱，听上去处在客体之爱的对立面。在催眠和陷入爱恋的情况下，客体常常被高估，而自我相对不受重视。在复杂群体中，自恋和客体之爱的矛盾就消失了。自我常常通过"成为群体一员"这一事实得以增强，这不仅仅简单地和归属感有关。比如，个体因隶属于某个精英部队或有威望的社团而体验到自我的增强。由于复杂群体有很多奖励和回报，经常体验到的满足感又可以反过来提高对群体的评价，而且作为群体中一分子的自尊感也得以增强。

人类经验的很多方面可以看到类似例子，持续的满足感常常只是幻象。因此，我们往往需要付出一些代价才关注弗洛伊德此前在群体资格中所暗示的观点："每个人都会参与到多个群体中（以此为基础建立了自我理想），他可以让自己在一定程度上高于群体，而保持一定的独立性。"（Freud，1921：78）

群体资格的关键机制是交换。个体为了群体目标的实现而奉献自己的劳动，接受权威的指导，并且心甘情愿地认为群体利益高于自身利益，在上述过程中，个体会体验到自恋的增强并且享受这种感觉。自尊的这个方面常被视为体制性自恋（institutional narcissism），这种自恋常常来源于归属感。

研究显示，从长远来看，来源于归属感的自恋对群体和个人是有害的。对个人来说，他所隶属的体制或机构可能拥有一些光辉历史以及背景优势，而这些足以让个体心甘情愿地为之付出并获得自尊感。但是体制是不是能够长久存在，似乎和群体成员的忠心关系不大，反而和其是不是遵守现实原则有关。

对经济组织而言，其竞争优势不可能一直保持下去。企业一度获得的成功并不等于长久的成功。时代变迁，消费者的消费倾向也会变化，今天还被大众所喜爱的产品明天可能就要退出市场了。

拿亨利·福特（Henry Ford）来说，他在 1916 年就完成了福特 T 形车生产流水线。但是，后来他和他的儿子埃兹尔·福特（Edsel Ford）都不想再对汽车进行优化以迎合大众对汽车外形和功能逐渐提高的需求。通用汽车公司的总裁艾尔弗雷德·斯隆（Alfred Sloan）却很重视产品细节，他很快就发现了亨利·福特产品哲学（亨利·福特说过：不管顾客需要什么颜色的汽车，我们的汽车只有黑色的）的弱点，并且将其作为自己的核心竞争力，成立了新企业，以丰富的产品类型满足多样化的市场需求。后来，通用汽车最终打败福特，成了成功的汽车制造商，而福特则难逃破产。

其实，通用汽车公司内部发生着深入而未被意识到的心理转变。公司的管理层内化了艾尔弗雷德·斯隆的观念，并将其作为指导公司持续发展的固定原则。领导权的交接都来自于公司内部。这个例子还是可以说明，对该企业来说，斯隆的哲学已经成为成功的象征，而通用汽车公司也是一个有着图腾式的组织。这种组织持续不朽的秘诀就是使其体制性自恋得以满足。成为通用汽车公司的高层意味着财富、威望以及自尊带来的满足感。毫不牵强地说，体制性自恋的终极代表是查尔斯·E. 威尔逊（Charles E. Wilson）（通用汽车首席执行官）在国会委员会的发言："有利于通用汽车公司就是有利于美国。"

但是总有一些外力不断影响甚至是破坏体制性自恋。依然举通用汽车公司的例子，日本汽车产业就在 1950—1980 年间抢占了美国市场，让通用汽车公司市场份额由 50％下降到 30％。通用汽车一直坚持产生大型、高油耗汽车，在一段时间内也忽视了紧跟消费者需求，这就让日本汽车公司抢占了先机，给通用汽车造成了损失。

体制性自恋的另一个不利因素是体制性自恋偏向企业权力精英，那些精英阶层之外的普通员工常常被拒之门外。加拿大广播公司曾开展一项针对压力应激反应的研究，该研究应企业高层管理者的需求而展开，管理层为员工压力性疾病的高发病率而表示担忧。研究发现，和普通员工相比，企业精英阶层更不容易产生应激症状。研究人员对此的解释是，隶属于某个精英群体，这个事实就像蚕蛹一样，是一个让个体免于压力的保护壳（Zaleznik & Kats de Vries & Howard, 1977）。

但是一些局外人，比如银行家或者投资人，常常会打破这种渗透于体制性自恋（并不利于企业的长久发展）的自满感。银行家或投资人作为局外人常常审时度势，有时候要求企业更换领导层，甚至会空降一个首席执行官掌管公司。新上任的领导层往往有一种使命感，他们需要做一些事情，而他们让员工做的事情往往具有"弑父"的象征意义，比如打破他们对过去领导者的图腾式崇拜。这种操作让群体成员切断和过去的连结，用理性客观的方式思考问题，而不是以和体制性自恋紧密相关的习惯性模式去看问题。

VI

"神经症会使患者变得不合群，使他们对群体的参与度下降，或者说从某群体中孤立出来。也可以说，神经症和陷入爱恋一样，对群体有一定程度的瓦解效果。另外，当一股强大的动力被注入群体时，神经症会减弱，甚至会暂时消失。"（Freud, 1921：142）

从陷入爱恋，到催眠，再到群体形成，位于这个过程的最底端的神经症就是俄狄浦斯情结和原始族群神话：最小的儿子因为杀死残暴的父亲而受到嘉奖，并因此取代父亲成为群体领袖。在图腾崇拜群体的形成过程中，群体弑父心理被压抑了，被杀的父亲已经成为被内化为群体的图腾和象征。最小的儿子作为假定领导者，将自己从群体压抑中解放出来。因此，弗洛伊德提出，个体心理学是伴随着英雄神话从群体心理学中发展出来的，弗洛伊德称之为史诗（epic poet）。

和其他无意识内容一样，性渴望和俄狄浦斯情结里的攻击性也会被压抑。弗洛伊德提出，成为群体一分子是这些无意识内容安全的藏身处。但是性冲动、攻击性以及对权力的渴望并不会因为暂时被压抑而真正消失。在个体后期发展过程中，俄狄浦斯情结会不断显现，比如在青春期和成年期都需要重新面对和解决俄狄浦斯情结的问题。精神分析理论对个体抱持一种悲剧视角：它们认为问题不可能一次全部解决，没有真正的成功，过去的冲突也不可能永远消失。与之相反的是乌托邦视角，它重视个体自身趋于完善和不断成长的能力。一直以来，这种不断发展的视角的本质原则可分为技术的或人本的，它们为权力和权威问题（参见弗洛伊德对俄狄浦斯情结和英雄神话的生动描述）提供了意识形态上的解决方案。这种乐观主义已经参与到复杂组织中的人际关系管理的模式中。

技术解决方案和人本解决方案的核心问题是对权威的态度。技术派认为，对权威的臣服让人失去自我感，组织中阶级分明，而追求效率就意味着所有成员的个人目标屈从于更高级的方法论，后者有很多叫法，比如科学管理、管理控制、职业管理。因此，复杂预算程序就会设定一些目标让成员将其视为义务并努力去完成。这种义务和责任感并非是个体对其他个体的承诺，而是对目标的承诺，该目标可以客观地加以实现而又不会让个体将自我意志强加于其他个体之上。如果权力被定义为让别人按照自己的意志改变其原有言行方式的能力，那么对现代管理技术来说，他们期望的关系就是消除权力，虽然不是完全消除，但这种试图改变他人的权力会弱化很多。

科学管理方法来自于天才弗雷德里克·温斯洛·泰勒（Frederick Winslow Toylor）在 20 世纪初提出的原理。他认为，目标可以通过详细细化、分解、技术应用而得以实现。一个机床厂的工人不会得到一对一的工作指导。他们获得的指导并非针对他们个人，而是受到一套明确的工作方法的限制。在这种情况下，员工和谁去竞争呢？科学管理系统取代了既往经验决定管理的体系，后者是由个人说了算，即一个能力较强的人决定其下属的行为，哪怕是冒着风险。迎合这种工作方式的群体心理就取决于让群体凝聚在一起的群体成员间的相互认同。这种群体凝聚力来源于一种平等剥夺感，所有成员都需要屈从于一个控制他们行为的制度。如果他们需要自主性，那么这种工作体系显然不适合他们。另外，对于该体系内的专政式领导，他们也不会感觉压抑，当领导指使他们应该去做什么不做什么的时候，也不会有受到羞辱的感觉。这种工作体系适用于所有的权力结构，除非在更高层次上认同某个抽象事物，比如管理学方法。认同某种管理学方法，成为其中一部分，建立一套维系管理行为的原则体系，可以支持自我理想以及内化了自我理想的、志同道合的成员之间的相互认同。

在大企业园区漫步，走进员工互相交流的会议室，我们可以进一步了解专业的管理方法，探索情感管理行为的不合理之处。任何容易生气的人都被认为有失控倾向。表现出敌意，尤其是对他人表现出的攻击性，将会得到"粗暴"的骂名。如果决策不符合个人愿望或者让某人明显感到失望，那么他又被认为是"擅自做主"。

对于一个有凝聚力的工作群体而言，用来管理行为的规则来自于角色的建立以及情感的控制，还要压抑与权威人物的矛盾冲突，正如在俄狄浦斯式的焦虑中看到的那样。复杂组织对神经症是很不友好的。

人本派警觉地提出，复杂组织权力的非个体化与技术工程师对行为的程序性控制有关。对于很多复杂组织的学徒，他们的目的是权力和等级。如果不考虑等级是一种本质存在（不管对人类还是动物）这一论调，人本主义心理学家虽然不是旨在完全消除阶级，最起码他们也想要削弱这种阶级感。他们倡导组织内部权力从上到下的转移。他们想要给下属权力。给下属授权有两重心理学假设：其一，有助于提高个体的自主感，感觉自己更有选择权；其二，作为权力与日俱增的群体的一员，他们感觉自豪和骄傲。

人本主义为了消除阶级所做的所有努力，以及权力分配不均等的矛盾，都有一个主要的问题，即没有足够的证据支持心理学假设。试图转变权力关系的实验，比如权力的重新分配或者在群体中创造更多正面的权威人物，类似实验最早可以追溯到 1927 年❶。那些实验获得的结论都不适合今天。实践说明，这些实验迟早要屈服于现实，即现实的生产效率并不能维持最初的增长［来自某些类似于正移情（positive transference）支配下的愉悦体验］。在更广泛的意义上，实验的失败来自于某些现实原因，如市场、产品、成本结构的重大变化。1998 年夏天，通用汽车公司工人罢工，导致主要工厂停工，以及海外市场工作机会的丧失，比如墨西哥，因为当地的劳动力成本比美国弗林特、密歇根等地要低很多。权威层要对市场做出反应，反过来又消除有关权力人性化的决策。

对于复杂组织内部权威和权力的问题，还有一些小问题需要考虑。比如，对权力分配日益增长的期望的后果是什么？复杂组织的社会实验告诉我们行动可以带来不可预测的后果。当人本主义取向的实验受到现实原则影响的时候，人们会感到权威感或许不是那么理性。不仅认同在减弱，而且由于权威行为受到有问题的动机和错位逻辑的影响，焦虑感也在增强。

如果复杂组织的学徒试图在弗洛伊德的群体心理学中寻找管理人的方法，他们会感到非常失望。就好像传统精神分析那样，问题是很多的，而答案是很少的、很复杂的。

在《进步和改革》（*Progress and Revolution*）一书中，精神分析师罗伯特·瓦尔德（Robert Waelder，1967）拒绝成为保守派或者自由派。瓦尔德简要地就权力和人类欲望的问题进行概述，还引用了教育学的例子：

这是一位爱德华时代的女士讲给其家庭教师的故事："×小姐，去花园看看孩子们在干什么，让他们停下来，别做了。"这种说辞本质上是保守派。自由派会这样说："看看孩子们在干什么，帮他们一下。"但是大部分情况下，两个方法都会导致不受欢迎的结果。"（Robert Waelder，1967：ix，x）

---

❶ 参见：Elton Mayo. *The Human Problems of an Industrialization*. 2nd edition. Boston：Division of Research，Graduate School of Business，1946（1933 年首次出版）。

由于个体和权力的关系并不简单，因此保守派不要绝望，自由主义者也不要过分乐观。如果接受弗洛伊德群体心理学提出的领导至上的观点，哪怕是暂时地接受，就会关注组织和社会如何保证领导力的存在和质量问题。领导者不是天生的，而是个人发展、教育和培训的结果。大学、研究所、军校、企业等机构都会挑选很多人才，但是他们并未承诺是挑选未来的领导者。领导者的出现和个人雄心抱负有关。对于人才和未来的领导者，这些机构所做的，是提高他们的自我兴趣、磨炼其能力、提高其心智。

参 考 文 献

Acton, J. (1948), *Essays on Freedom and Power*. Boston: Beacon Press, pp. 25, 28.

Dunlap, A. J. (1996), *Mean Business: How I Save Bad Companies and Make Good Companies Great*. New York: Times Business.

Freud, S. (1911), Psycho-analytic notes on an autobiographical account of a case of paranoia (dementia paranoides). *Standard Edition,* 12: 3–82. London: Hogarth Press, 1958.

Freud, S. (1921), *Group Psychology and the Analysis of the Ego. Standard Edition*, 18:69–143. London: Hogarth Press, 1955.

Lasswell, H. (1930), *Psychopathology and Politics*. Chicago: University of Chicago Press.

Lewin, K., Lippit, L. & White, R. (1939), Patterns of aggressive behavior in experimentally created social climates. *J. Soc. Psychol.*, 10:271–299.

McGregor, D. (1966), *Leadership and Motivation*. Cambridge, MA: MIT Press.

Mead, G. H. (1956), Self, mind, and society. In: *The Social Psychology of George Herbert Mead,* ed. A. Strauss. Chicago: University of Chicago Press, pp. 128–294.

Neustadt, R. E. (1964), *Presidential Power: The Politics of Leadership*. New York: Wiley.

Rangell, L. (1980), *The Mind of Watergate: An Exploration of the Compromise of Integrity*. New York: Norton.

Waelder, R. (1967), *Progress and Revolution: A Study of the Issues of Our Age*. New York: International Universities Press.

Whyte, W. F. (1943), *Street Corner Society*. Chicago: University of Chicago Press.

Wills, G. (1970). *Nixon Agonistes: The Crisis of the Self-Made Man*. Boston: Houghton Mifflin. See also Rangell, L. (1980).

Zaleznik, A. (1956), *Worker Satisfaction and Development: A Case Study of Work and Social Behavior in a Factory Group*. Cambridge, MA: Harvard University, Division of Research, Graduate School of Business Administration.

Zaleznik, A. (1992), Managers and leaders: Are they different? *Harvard Business Rev.*, March–April, pp. 126–135.

Zaleznik, A., Kets de Vries, M. & Howard, J. (1977), Stress reactions in organizations: Syndromes, causes, and consequences. *Behav. Sci.*, May.

群体和狂热主义

安德烈·E. 海纳尔（André E. Haynal）

纪念我的父亲

他曾经获得 Yad Vashem 勋章

纪念我的叔叔泰德·马勒❶（Teddy Mahler）

他曾经逃脱了狂热主义的劫难

众所周知，弗洛伊德为我们打开很多扇门。他的很多理念是具体的，比如，在他的著作中让我们初步理解了"群体中"的（或者说社会的）生活（Freud，1927 & 1930）。弗洛伊德（Freud，1921：69）认为："只有在特别场合下，个人心理学才可以忽略个体和他人的关系而存在。"而且，当个体和他人的自然联系❷被切断后，个体心理就会出现问题。这个观点在他其余著作中也得以彰显，因为性本能总是需要一个"客体"与之相连，因此，个体总是无法脱离他人而存在。

弗洛伊德对群体心理学的研究主要在 1921 年完成，完成于《性学三论》（1905）、《本能及其变迁》（1915c）以及《幻想之未来》（1927）、《文明及其不满》（1930）之间。回过头看，在历经近一个世纪的人类劫难后，再重新关注这个课题无疑是合适的。20 世纪充满痛苦，这段历史让很多问题凸显出来，

---

❶ 安德烈·E. 海纳尔：瑞士精神分析协会的督导及培训分析师、前理事长，是匈牙利精神分析协会的荣誉会员，瑞士日内瓦大学精神医学系名誉教授，美国斯坦福大学前访问教授。除了其他作品外，他是《狂热：历史与精神分析的研究》（*A Historical and Psychoanalytic Study*）的共同作者。

❷ 由菲利普·斯特洛金译自法语版。史崔齐把弗洛伊德之 "*Zusammenhang*" 翻译为"连续性"是欠准确的。

狂热主义（Fanaticism）就是其中一个问题。那么，针对狂热主义现象，精神分析师对此可以做些什么？尤其是沿着弗洛伊德《群体心理学与自我分析》（Freud，1921）开辟的探索之道，他应该如何阐述这种现象？

我们首先回顾一下自我理想的重要性，弗洛伊德尤其关注这个话题，因为很多问题都可以通过自我理想得到解释，比如对爱的着迷、对催眠师的依赖、对领导者的屈服等。《群体心理学》在第一次世界大战的余波中作为一本政治著作问世，需要说明的是当时奥匈帝国的解体让弗洛伊德和其同道失去家园。奥匈帝国解体后，"小奥地利"诞生了，弗洛伊德在写给费伦奇的信中（1919 年 3 月 17 日）提到："只要一想到整个世界都没有我的故乡，就感觉很痛苦。"（Freud，1996）在 19 世纪末最后几年，弗朗兹·约瑟夫一世（Franz Joseph Ⅰ）统治时期的维也纳不仅见证了文化、科学、艺术的迅猛发展，还见证了多元论、多语制的日臻完善（虽然尚不完美）。这样的维也纳才是弗洛伊德珍视的国家，虽然他也承认自己对维也纳归属感充满矛盾。《群体心理学与自我分析》是他表达悼念的一个阶段，他表达哀伤的作品有助于我们理解这个作品。弗洛伊德亲自写信给罗曼·罗兰（Romain Rolland）（1923 年 3 月 4 日）："我并没有认为这部著作特别成功，但是它确实把对个体的分析引领到社会和群体的视角。"（Vermorel & Vermorel，1993：219）我有必要着重提一下"社会"这个词，其实，德语的"群众"（*massen*）和英语里的"群体"（group）都不能正确表达该词的意思。针对勒庞的《乌合之众》，弗洛伊德提出"*foules*"这个词的词义很接近群众（mass），而非群体（group）。勒庞探索了群体和煽动者的关系，这种关系的极端就是狂热主义者和被崇拜者的关系。不属于某群体的人，常常因为其观点威胁群体凝聚力而备受敌意和仇恨。此外，本能、"认同"、"自我分化"、"自我理想"等概念也促使我们检验社会生活的诸多现象，尤其是狂热主义。雅克·拉康（Jacques Lacan，1956）曾指出弗洛伊德"密切期待法西斯组织"，而哲学家让·B. 彭塔利斯（Jean-Bertrand Pontalis 1968）提出"先于纳粹的更早的心理学解释"。即使如此，在弗洛伊德写这篇论著的同时，布尔什维克政权正在苏联建立，而宗教专制之风也吹到了奥地利，尤其是 20 世纪 30 年代恩格尔伯特·陶尔斐斯、其继承人库尔特·许士尼格的独裁。

＊ ＊ ＊

精神分析是否有助于我们理解狂热主义倾向？迄今为止，狂热主义已经对我们的文化和文明蛊惑甚多。精神分析是否有助于我们洞悉人会变得狂热的心理基础？

狂热主义的重要性以及其破坏力曾经很长一段时间未被人认识到。除了斯宾诺莎（Spinoza）这样的圣贤，在启蒙运动以前，几乎没有人使用过狂热主义、狂热这个概念。有关狂热主义理论的发展和过去几个世纪欧洲文化文明的发展有着密切的关系。

18 世纪的启蒙哲学家首先在更广的意义上使用了这些概念。当时对狂热主义的思考因为对宗教狂热现象的批判而盛行。宗教狂热是启蒙运动和理性主义的对立面，归根结底，它也是多元化、自由主义、思想自由的对立面。狂热主义最早来自于拉丁文"*fanum*"（寺庙），用来表示对某种宗教近乎疯狂或妄想式的忠诚，现如今称之为原教旨主义。被启蒙哲学家和伏尔泰（Voltaire）批判的宗教——红衣主教天主教派以及法国王室盟国——最终导致了欧洲宗教法庭的产生，以及所谓消除其他世界文明的异端运动。此后，随着信仰的衰败，一直占据主要地位的基督教逐渐被世俗宗教和各种类型的乌托邦所取代，世俗宗教所许诺的各类乌托邦被认为是天堂降临于现世。最终，各种新宗教形式其实都是对狂热主义的复制，尤其是那些继世俗宗教衰败之后，在 20 世纪末疯狂流行的宗教教派。

为何狂热主义的吸引力持续不减？因为它常常基于一套打着神学或其他公认权威（比如科学）旗号的理论体系，认为自己才是真理的唯一拥有者："真相就是这样的，因为科学已经证明了""真相就是如此，因为我们的认知直接来自于神"。这样的论点常常包含自恋式的狂喜以及异常强大的安全感："我们掌握真理。"这种态度伴随着"智慧的牺牲"，就好像拉丁名言"因为荒谬所以我才相信"。也就是说，这种态度意味着放弃所有质疑的可能性，放弃新观点产生的可能性，放弃对现实（内在现实或外在现实）的审视的可能性。正如狂热主义所说的，这对个人和社会都是一种损失。在盲目而狂热的社会环境下，正视并分析现实是不可能的；而当战争之火或者经济危机破坏了基于狂热主义建立的"帝国"的时候，狂热主义也就走到尽头。比如在美国圭亚那丛林，美国邪教组织"人民圣殿教"的 900 多名信徒在教主吉姆·琼斯的胁迫下集体自杀。法国大革命时期，仅仅因为不够雅各宾派的极端激进，差点因为里昂大屠杀而毁了里昂这座城。这些事件都见证了此类问题的情感元素所致的强大力量、危险以及破坏力，而这些问题本该通过理性的方法得以解决。在狂热主义退行状态下，所有的事情都会变得过于简单，遵守非好即坏、非黑即白原则，好的一切都属于我，我就代表卓越。坏的都属于别人，因为他们不相信我的说辞。

我们在前文已经明确地提过，没有强大的情感力做基础，理性结构就无法存在。就这一点来说，弗洛伊德提出，我们对领导者的认同，对领导者观点类似催眠的屈从，我们的愿望和理想的投射，这一切都让我们相信我们是和"好人"在一起的，他们是正义的、正直的，他们拥有伟大的、不可思议的智慧。不管这种智慧打着神学、科学的旗号还是领导者不容置疑的天赋，隶属于这样的群体的成员都是倍感安全的。在这里，没有质疑，不会产生任何疑问，也不需要任何思考和努力；他们提供的答案让人相信现世（各种乌托邦思想）或者来世（其他宗教变体）都存在天堂。

这些和现实的脱节都是真实存在的妄想。此外，在广泛社会焦虑背景下的个人身份感会受到强烈质疑，而对它本身及其合理性的质疑又会导致自我防御式的敌意，这是自恋受挫、自我意象受到威胁的结果，其最终结局就是极端暴力的产生。

那么，狂热主义究竟如何在历史演变中产生并渐成体系的？博尔特劳尔（Bolterauer, 1975）对原始狂热（primal fanatic）（或狂热分子）和继发狂热（induced fanatic）的区分与之相关。那些拥有狂热思想的狂热分子，在类似宗教皈依的情境下，会第一个变得盲从，进而引导别人也陷入狂热状态。通过这种方式，群体所宣扬的观点不仅仅变得符合逻辑、令人信服，如上所述，还会产生类似"自我防御的攻击"（用来保护投注到理想、领导者以及盲从组织中的脆弱自恋），还会消除由环境、教育传统等文化超我所造成的阻碍，我们经常在对不满意的情感状态的对抗中看到这种阻碍。在狂热分子强大情绪感召力的影响下，其他继发狂热者为了追求所谓的完美状态而不惜压抑超我（Rangell，1974）。从狂热的视角来看，通过合理化机制（对违反道德的事件进行合理化，比如"我们是为了全人类的福祉而大开杀戒的"），那些"正直"的人不仅陷入某些难以置信的夸大狂状态，还饱受迫害妄想之苦，同时也违反了来自超我或自我理想的禁忌。俄狄浦斯受挫以及其后的哀悼著作（Chasseguet-Smirgel，1975；Chasseguet-Smirgel & Grunberger，1969）当初因反常的解决之道不被重视，而今因狂热的思想而变得正当合理了。

　　既往狂热主义的成功和社会现状密切相关。只有狂热分子宣扬的观点符合社会期望（困境或许和经济、思想、信念、社会接纳度有关）时，狂热主义才会被拥护。有些作者提出，狂热主义获得成功也和人们"自我狂热主义"的内在潜能有关。韦伯的魅力理论（Weber，1947）以及勒庞的权威理论（Le Bon，1985）都努力去解释煽动者的神秘权力。韦伯（Weber，1947：329）曾这样描述"魅力"："个人特质的某个特定方面，这一点让其区别于普通人，同时被赋予超自然的、超人的能力，或者至少被赋予特别的能力。"弗洛伊德将这些现象归因为自我理想的投射：主体把其自我理想投射在有魅力的领导人身上。在勒庞的影响下，韦伯（Weber，1947）补充道：魅力型权威是脆弱的，需要不断地证明领导者的能力和成功才能得以维持。有些神话的主题，比如对领导者的背叛，有时候仅仅是狂热主义的附加物。正如弗洛伊德所说，将之和催眠进行比较是非常生动的。在乔治·斯坦纳（George Steiners，1981）的小说《搬运到圣克里斯托瓦尔的阿道夫希特利》（*The Portage to San Cristobal of A. H.*）中写道：为了转移犯人（希特勒）通过热带雨林，以色列部队得到这样的警告："绝对不能让他讲话，如果他能开口说话，他必定会要把戏逃出去。不要看他的眼睛。他们说这双眼睛总是闪着奇怪的光。"

　　除了这些现象的变体，"奇怪的光"一词，不经意地让我们思考魅力的语源：希腊单词"*kharis*"的意思是目光闪耀着喜悦，是一个人、一个面容或者一个表情的优雅体现。狂热主义会带来极强的兴奋体验，这种体验是狂热主义根源、其独特性和救世主特质共同产生的。因此，奉献被视为一种义务，而背信弃义者就是叛徒。不同世界、不同时期狂热主义的说辞总是具有令人震惊的相似性。不管在哪里，信徒的纯洁性和敌人的不纯性，健康和疾病、理想化的上帝和魔鬼都会拿来进行对比。

说辞总伴随着特定的姿态。狂热主义的演说也离不开说辞和姿态。狂热分子们慷慨激昂，身体颤抖，站立着发抖，如同震颤着咆哮的演说家。或许将来更详细的研究终有一天向我们揭示，狂热主义的奇怪行为，来自于对心理疾病患者姿态的模仿。

如果所有的一切都是讽刺的，如果弗洛伊德是想带领我们窥探人们隐私生活的阴暗面（包括我们的文明），这样做到底有什么好处？当然有意义。这有助于我们更好地了解历史，更有力量抵抗各类极权主义（狂热主义的前奏）的诱惑，让我们深入了解那些穿梭于极权主义，或试图摒弃自身狂热性的人们。他这么做，不仅仅让我们有能力辨别存在于我们自身的狂热倾向。

当科学被更多不确定包围，所产生的证据就越不笃定，当假设比确凿事实更具有支配地位，那么所谓的科学，当然也包括精神分析，就变得名不符实。我们总是尝试通过弗洛伊德的精神分析"治疗"这种深刻的人际互动体验，在文化的层面修通深刻的人性问题，并将从中获得的经验总结为心理的无意识和意识理论。我们想要获得确凿、具体事实的欲望愈强烈，我们就越是处在这样一种状态：无论遇到什么困难，我们都要捍卫"真理"，同时，我们还感觉被那些不打算接受我们的观点的人所伤害。我们将世界分为好的、公平而理性的人，他们是我们的兄妹、我们的手足；还有坏的、充满攻击性的，怀疑我们并让我们陷入麻烦的人。我们是温暖安全的，我们的自我理想（Freud）如此可靠，那些对这个意象有威胁的人都是我们的敌人，而试图改变这些群体印象（类似某些宗教信条）的局内人，比如那些极权主义者、修正主义者也应该被逐出队伍；试图保持群体纯洁性、同质性，并让其配得上我们所投射的自我理想的无意识渴望，让我们区别于那些投射到外界的"不好"的他人。或许这只是一种倾向，尽管如此，回顾历史，我们却总是直接或含蓄地屈从于他们。

＊　＊　＊

难道"精神分析运动"就一点也没有这种倾向性吗？我们很想知道。在20世纪的第一个十年快结束以及第二个十年刚开始的几年，尽管弗洛伊德在圈内已具有较高的知名度，但他仍然不被大学所接纳。他并没有特别符合被大学吸纳的条件，其学说的有效性也遭到质疑。他当时是犹太人文化教育促进会的会员，这是他唯一经常光顾的社团，在这里他找到某种共鸣，尽管如此，他对该社团的态度也是矛盾的（弗洛伊德1908年5月3日写给阿伯拉罕的信）（Freud，1965）。实际上，他一直在为两件事而努力：其一是寻找其学说的科学基础，为精神分析观点寻找一个安全的理论落脚点，在此基础上他才能更好地发展人类心理的意识和潜意识假说，后来他认为他找到了这个科学落脚点，就是性学（Freud，1905），还有与之相关的驱力（drive）理论（Freud，1915）。他苦苦追寻的第二件事是谋求精神分析（包括精神分析组织、实践以及精神分析学科）的稳定发展。然而，现存的学术机构无法满足他的这个需求，于是他只能亲自建立和培养，他观察遍及维也纳政治、艺术以及文化生活的各色"主义"，从中汲取灵感，以类似的模式建立自己的理论王国。

他成了精神分析运动的领导者，然而，当琼斯和费伦奇提议建立秘密委员会的时候（琼斯1912年7月30日写给弗洛伊德的信），弗洛伊德感到有点尴尬：因为他之前曾用"幼稚的"来形容此事（弗洛伊德1912年8月1日写给琼斯的信）。然而，这种尴尬或许是某些神秘主义的先兆［译者注：后来弗洛伊德写了论文《论神秘和令人恐怖的东西》（*Unheimlich*），又名《怪怖者》（*Uncanny*）］。受到他们的影响，弗洛伊德不再采用大家所熟知的科学组织应该具有的形式，而是让精神分析运动参与到瑞士药师艾尔弗雷德·纳普斯（Alfred Knapps）提出的《伦理文化国际公约》（*International Order for an Ethic and a Culture*）中，这是一个文明的、互济会形式的运动，它无关宗教，而是关注人本、伦理和文化价值。弗洛伊德认为这或许是一桩好事。

受到费伦奇和琼斯的影响，弗洛伊德放弃了既往一贯的想法，他建立了一个独立组织，组织的目标和价值观并没有什么大的变化。于是，国际精神分析协会（IPA）和秘密委员会就此诞生了（顺便提一下，秘密委员会成立于1912年，用来控制当时的 IPA 主席荣格，荣格在同年和弗洛伊德分道扬镳并形成了自己的理论体系）。关于这两个机构的历史有诸多版本的说法，有批判的，也有赞颂的（Grosskurth, 1991; Leither, 1998）。一项有关精神分析运动的严肃研究指出，精神分析运动效仿宗教，因为它也有正统和异端的说法，它将某些人驱逐出组织，就好像当年斯宾诺莎被驱逐出犹太教会，同时也被彻底革出教门。奥托·兰克（译者注：曾是秘密委员会的一员）在著名的"道歉信"中提到被逐出秘密委员会的事，他表示想借此机会向秘密委员会的成员解释自己的意图，他表示"要赔礼道歉"（Lieberman, 1985: 284）。兰克写道："在和分析师（弗洛伊德）的分析式会面之后，他接纳了我的解释并且原谅了我。"但是仅仅几天后，他就撤回了他的歉意，从这一点，我们就了解到，对他而言，对抗内化了理想化弗洛伊德的自我理想是多么困难的一件事。从科学运动应该具有的特点出发，精神分析运动的所有表现似乎昭示着，它具有成为排外、盲目、自认为掌握着唯一真理的狂热群体的倾向性。因此，弗洛伊德通过自我分析和其他阐述方式（他常常称之为"推测"）探索不可知困难领域（对潜意识的探索）是不是正确，这个并不是最关键的问题（Freud, 1900: 558; 1918: 206; 1920: 26; 1924: 177; 1930: 100）。

但是，大部分人采用的方法并不会让我们免于退行性的渴望，即通过解开戈尔迪之结（Gordian Knot）或加入某项运动来获得某种确定感。这些运动接近狂热主义运动，它们常徘徊于理性对话之外，把自己隔离，切断与周围世界的联系，打着对传统忠诚的旗号，在这种隔离状态中寻求安全感。那么，传统的精神分析是不是接近狂热状态？或者说，我们是不是支持多元化，是否愿意和现代科学对话？比如，弗洛伊德非常强调的神经科学、语言学、人类学、性学、内分泌学以及其他更为广泛的艺术，比如诗歌、小说和其他文学。

对狂热主义的反思不仅仅是思考那些厌烦了各种宗教主义、带给我们创伤或者失望的病人，在某些情况下，是对与"宗教"决裂后的思乡病状态的反思；它也让我们反观自己，反思我们对理性和情感安全感的渴望，当我们倾向于狂热状态的时候，我们就很难获得我们所追求的理性和稳定情感。

我们有必要将自己视作潜在的狂热分子。我们的科学地位并没有被广泛接受，我们的学说的可信性还受到质疑。有些狂热分子自然会用盲目的方式审讯我们："弗洛伊德批判者"就是这种论调。在这些弗洛伊德批判者背后可能是一些经济利益（竞争某些经济资源），也可能是出于敌意和嫉妒，当然也可能是个人动机使然。但是这些都不是所有的真相。对我们而言，那些被夸大的承诺似的态度、被各种主张（缺乏足够证据）过度补偿的不确定性，以及假说和科学真理之间的困惑，所有这些过度都被我们深层次的情感动机所推进。

我们观察到的一个现象，称之为"群体幻想"（group illusion）（Freud, 1921：94），其背后是投注于领导者的理想意象：他的思维方式是如此让人放心，以至于成为维系我们学说之科学地位的重要情感连结。厄恩斯特·法尔兹德（Ernst Falzeder, 1994）提出一个有趣的观点，它试图说明精神分析群体是如何围绕着一个有魅力、有威信的人（群体成员以此为中心进行精神分析的训练）而建立的（参见本章附录"家系图"）。通过这种方式，群体所有成员都会被处在中心地位的分析师深刻影响。通过对精神分析领域参考文献的研究，我们会发现大部分参考文献都出自作者所属的群体。当然，出于某些原因（比如显得善辩），他们也会提及其他学者，但这些人更多是通过谣言而被大家知晓，而非通过严肃的科学研究。

由于精神分析鼓励群内交流和个人激励（personal stimulation），所以肯定也存在积极的一面。然而，不可否认的是，作为圈内人或者相互崇拜的客体、成为精神分析高级组织的一员（比如，最科学的）而带来的自恋强化是最有力的稳定因素。这样会产生一系列组织和政治后果（King & Steiner, 1991），与此同时产生的激情氛围很类似于狂热主义。幸运的是，我们最终没有越过这个边界。偏执的投射以及恐惧最终得到良好的控制。即便如此，投注到特定分支流派的"群体幻想"会导致信息的损失、互换，并且最终导致衰退。通过这一章，我们了解了弗洛伊德对复杂群体现象的观点，也知道这些现象其实也存在于弗洛伊德及其继承者当中。

总之，为了更深入地理解人性本质，弗洛伊德让我们首先了解自己。了解我们自己——真实地面对自己，难道这不是弗洛伊德最为重要的观点吗？

附：精神分析群体流派"家系图"

　　早期精神分析师以及精神分析学习者组成的"家系图"，图中显示精神分析群体和流派是如何围绕着极具魅力或影响力的中心人物而构建的。本附录中的图 1 ~ 图 8 都均来自法尔兹德❶（本书获得再版许可）。

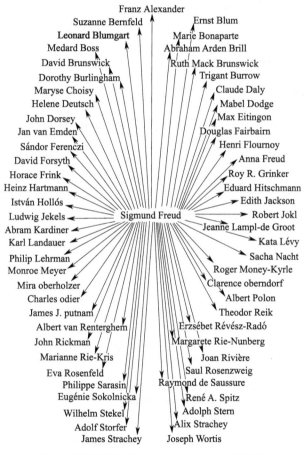

图 1　弗洛伊德（Sigmund Freud）派家系图

---

　　❶　厄恩斯特·法尔兹德：临床心理学家及精神分析史学家，弗洛伊德与费伦奇的通信编辑之一，出版过许多有关精神分析史的著作。他因医学史研究（瑞士日内瓦）而荣获仅次于诺贝尔奖的 Louis Jeantet 奖，是华盛顿史密森学会的研究员，以及哈佛大学的客座教授。

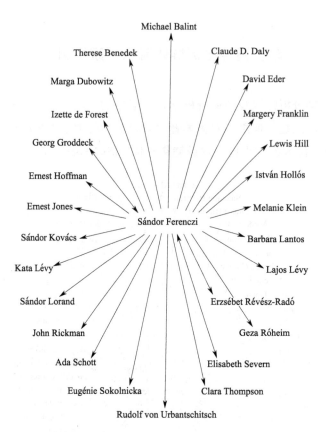

图 2　费伦奇（Sándor Ferenczi）派家系图

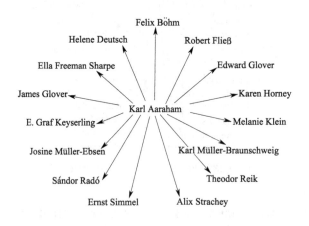

图 3　亚伯拉罕（Karl Abraham）派家系图

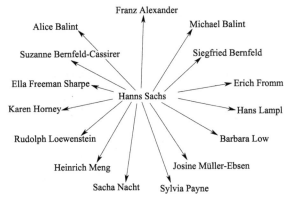

图 4　汉斯·萨克斯（Hanns Sachs）派家系图

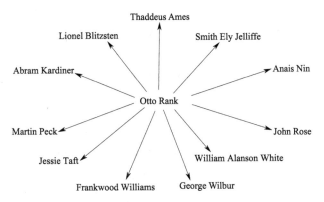

图 5　奥托·兰克（Otto Rank）派家系图

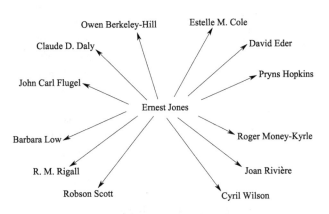

图 6　欧内斯特·琼斯（Ernest Jones）派家系图

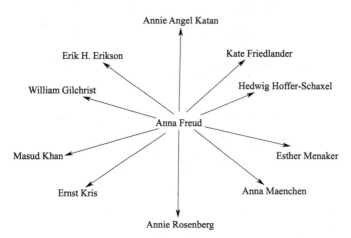

图 7 安娜·弗洛伊德 (Anna Freud) 派家系图

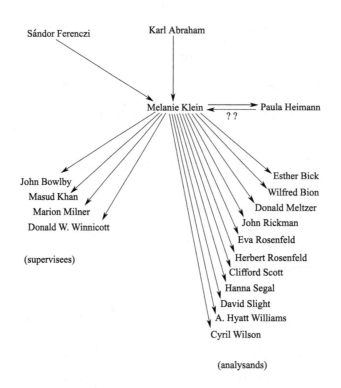

图 8 克莱茵 (Melanie Klein) 派家系图

参 考 文 献

Bolterauer, L. (1975), Der Fanatismus. *Psyche,* 29:287–315.

Chasseguet-Smirgel, J. (1975), *L'Idéal du Moi.* Paris: Claude Tchou.

Chasseguet-Smirgel, J. & Grunberger, B. (1969), *L'Univers Contestationnaire.* Paris: Payot.

Falzeder, E. (1994), The threads of psychoanalytic filiations or psychoanalysis taking effect. In: *100 Years of Psychoanalysis,* ed. A. Haynal & E. Falzeder. Geneva: Cahiers Psychiatriques Genevois, pp. 176–181.

Freud, S. (1900), *The Interpretation of Dreams. Standard Edition,* 4–5. London: Hogarth Press, 1953.

Freud, S. (1905), *Three Essays on the Theory of Sexuality. Standard Edition,* 7:123–243. London: Hogarth Press, 1953.

Freud, S. (1915), *Instincts and Their Vicissitudes. Standard Edition,* 14:117–140. London: Hogarth Press, 1957.

Freud, S. (1918), *The Taboo of Virginity. Standard Edition,* 11:193–208. London: Hogarth Press, 1957.

Freud, S. (1920), *Beyond the Pleasure Principle. Standard Edition,* 18:7–64. London: Hogarth Press, 1955.

Freud, S. (1921), *Group Psychology and the Analysis of the Ego. Standard Edition,* 18:69–143. London: Hogarth Press, 1955.

Freud, S. (1924), *The Dissolution of the Oedipus Complex. Standard Edition,* 19:173–179. London: Hogarth Press, 1961.

Freud, S. (1927), *The Future of an Illusion. Standard Edition,* 21:5–56. London: Hogarth Press, 1959.

Freud, S. (1930), *Civilization and Its Discontents. Standard Edition,* 21:57–145. London: Hogarth Press, 1961.

Freud, S. (1965), *A Psycho-Analytic Dialogue: The Letters of Sigmund Freud and Karl Abraham 1907–1926.* London: Hogarth Press (New York: Basic Books, 1966).

Freud, S. (1993), *The Complete Correspondence of Sigmund Freud and Ernest Jones 1908–1939.* Cambridge, MA: Belknap Press.

Freud, S. (1996), *The Correspondence of Sigmund Freud and Sándor Ferenczi, Vol. 2, 1914–1919.* Cambridge, MA: Belknap Press.

Grosskurth, P. (1991), *The Secret Ring. Freud's Inner Circle and the Politics of Psycho-Analysis.* Reading, MA: Addison-Wesley.

Haldane, J. B. S. (1932), *The Inequality of Man and Other Essays.* Philadelphia: R. West.

King, P. & Steiner, R., eds. (1991), *The Freud–Klein Controversies 1941–45.* London: Routledge.

Koestler, A. (1978), *Janus: A Summing Up.* New York: Random House, 1979.

Lacan, J. (1956), Situation de la psychanalyse et formation du psychana-
lyste. In: *Ecrits*. Paris: Seuil, 1966, pp. 459–491.

Le Bon, G. (1895), *Psychologie des Foules*. Paris: Presses Universitaires
de France, 1963.

Leitner, M. (1998), *Freud, Rank und die Folgen: Ein Schlüsselkonflikt für
die Entwicklung der Psychotherapie des 20 Jahrhunderts*. Vienna:
Turia & Kant.

Lieberman, E. J. (1985), *Acts of Will: The Life and Work of Otto Rank*.
New York: The Free Press.

Pontalis, J. B. (1968), *Après Freud*. Paris: Gallimard.

Rangell, L. (1974), Psychoanalytic perspectives leading currently to the
syndrome of the compromise of integrity. *Internat. J. Psycho-Anal.*,
55:3–12.

Reich, W. (1933), *The Mass Psychology of Fascism*. New York: Farrar,
Straus & Giroux, 1970.

Steiner, G. (1981), *The Portage to San Cristobal of A. H.* London: Faber
& Faber.

Vermorel, H. & Vermorel, M. (1993), *Sigmund Freud et Romain Rolland,
Correspondance 1923–1936*. Paris: Presses Universitaires de France.

Weber, M. (1947), *The Theory of Social Economic Organization*. London:
Oxford University Press.

群体心理学、社会与群众：与社会暴力受害者一同工作

约兰达·甘佩尔❶（Yolanda Gampel）

乔治·斯坦纳（George Steiner，1999）指出，文学、音乐以及哲学领域的"经典作品"都是我们借以了解自身的一种途径。他认为，经典对我们的了解，胜过我们对它们的了解。每次试图走进经典，我们都会感觉我们的意识、知识、灵魂甚至躯体都受到某种程度上的挑战。经典作品促使我们思考，让我们发问，为新思想的诞生提供了可能。变化和成长的可能性是无限的。当我们阅读弗洛伊德的经典作品《群体心理学与自我分析》的时候，我们自然也会面对同样的挑战。

《群体心理学与自我分析》在弗洛伊德作品中的地位

第一次世界大战之后，弗洛伊德就完成了《怪怖者》以及《超越快乐原则》的写作。这些著作的主要课题是每个人都需要面对的恐惧、冲动和死亡本能。弗洛伊德认为这两本书是对前期理论的扩展，但我们真的很好奇这些作品到底有没有受到战争的影响。他的思考和变换的世界风云总会交织在一起，那些不寻常的经历总会改变我们对现实的感知。在 1919 年 1 月写给费伦奇的信中，弗洛伊德提到了战争，他写到"我们总是相互毁灭"（Falzeder & Brabant，1996）。

---

❶ 约兰达·甘佩尔：以色列特拉维夫大学心理系以及医学院心理治疗课程的教授；以色列精神分析学会及 IPA 的培训分析师。

《怪怖者》，弗洛伊德（Freud，1919）的"*Unheimlich*"（德语），是描述一种让人心绪难安的体验。那些新的、可怕的体验和旧的、熟悉的一样变得昭然若揭。关于惊恐、恐惧的传统定义不能足够清楚地描述出"*unheimlich*"这个专业术语所指的核心感受。弗洛伊德对此的解释是，怪怖（uncanny）是一种原始的，我们体验过，但又被压抑了的一种感受。虽然没有明说，有没有这样一种可能，即弗洛伊德的《群体心理学与自我分析》是对当时社会背景下恐怖体验（凡尔登战役、亚美尼亚种族大屠杀）的回应？是对第一次世界大战带来的恐慌以及社会暴力所致的恐惧（那些熟悉的、隐藏的、危险的感受）的回应？

在《超越快乐原则》（Freud，1920）一书中，弗洛伊德提到了死亡本能。死亡本能（death drive）（也可译为死亡驱力）的主题毫无疑问和第二次世界大战带来的创伤和应激反应有关。在此书中，弗洛伊德探索了死亡本能的生物学物质基础。从生物学视角来看，死亡会让机体降解，进而破坏身体组织的完整性。个体之所以成为个体的基本单元不复存在。从经济学视角（心理方面的）来看，死亡是能量的绝对衰减。死亡被认为是外在破坏力的结果，而死亡本能这一术语让弗洛伊德把死亡从生物、躯体视角转移到对意义构建以及心理冲突的思考。

弗洛伊德认为死亡是一种内在的潜在冲动。既然死亡被认为是内在的，那么能够影响死亡的因素常常是心理现实中的偶然事件。他还提出，心理现实有很多共存的对立面，比如内在的和外在的，内心封闭的自我［受伤，可能导致心理死亡（psychic death）］和对外在施展的暴力。

另外，过度完满和完全空虚也是相互对立的，这会导致可能的破坏，而破坏来自于下面各种类型的自相矛盾，比如控制和失控、融合和分裂、对镜像的拒绝和对他人的拒绝、不可怕的和可怕的。

在心理现实层面，死亡是如何表现的？或许支撑心理结构和意识的力量的不可逆转的消失，就是死亡的心理表征。听上去我们需要某种形势的幻想来对抗死亡。因此，诗人总是用抒情的方式寻找死亡的等价物，比如性、高潮、睡眠。死亡常常被认为是可以征服的（至少在表面上），并被赋予一些好处。在所有生的力量消失的时候，我们发现了涅槃，涅槃之所以特别是因为它是一种可以获得的平静状态，在这种状态下，我们将生的意志进行转换，死亡通过涅槃和生命相连。还有一种观点认为死亡是切断所有联系，精神病患者表现出的分裂，常常也被等同于心理死亡。

弗洛伊德的第三部著作《群体心理学与自我分析》写于第一次世界大战之后，弗洛伊德就此进入社会心理学领域的研究。他探索权力和大众（权力对大众的操纵）之间的关系。弗洛伊德借由自然群体和人为群体的探索讲述个体和社会的渊源。重翻他的著作，闯入脑海的问题是：如果《群体心理学与自我分析》写于第二次世界大战后呢？死亡本能和群体心理学的观点会发生什么变化？尤其是在奥斯维辛集中营和广岛事件之后？

弗洛伊德在《群体心理学与自我分析》中提到，未开化的暴民依附于一个强有力的领导者，这个领导者是群体感受和意志的化身，暴民的出现导致补偿性的行为模式以及草率的社会行为。在《群体心理学与自我分析》的第5章，弗洛伊德对世界上的群体运动，给出了既乐观又悲观的看法：

如果当今社会的偏见不再像前几个世纪那样暴力和粗鲁，我们很难得出人类行为模式变得比之前柔和的结论。我们似乎更应该在宗教感和力比多连结逐渐削弱的事实中去寻找原因。如果其他群体连结取代了宗教连结（社会主义连结在这一点上就很成功），对外来者的偏见和排斥同样是存在的，跟宗教战争时代差不多。如果科学观点的不同对于群体具有同样的意义，那么相同的结果将会在新的动机下得以反复。

我们这个时代的群体和社会：群众-群体-乌合之众（1921—1999）

弗洛伊德这样定义群体心理学（Freud，1921：70），即一群陌生人对某个体同时产生的影响的总和："群体心理学主要研究处于某个群体中的个体，如种族、民族、社会阶层、职业、研究所以及其他在某时间点因为某些特定目的而集合在一起的群体。"

为了进一步了解作为群体的自己，我们要唤起身为群体一员的感受以及对群体中自我的双重感知，身处某个群体，我们同时感觉到群体吸引力以及被群体同化而迷失自我的恐慌。在勒庞的影响下，弗洛伊德认为群体是"活跃的群体、活的群体"，他们寻求安全感，将领导者视为自我理想。对当下的群体社会而言，我们不是群体中活生生的人，而更像是由统计数据和计算机组成的系统中的惰性元件，这种"惰性身份感"（inert identity）是由其他素不相识的个体定义的。在这种情况下，统计学控制着我们的集体潜意识，描述了各种各样的笼罩我们的价值观。因此，有人不失敏锐地指出：在当前的社会环境下，我们更多时候被当成东西或者物品对待，而不是一个活生生的人类个体（Amati Sas & Gampel，1997）。

现如今，科学也提供了很多破坏手段，我们确实可以再一次引用弗洛伊德的话（Freud，1921：100）："同样的动机导致相同的结果。"但是，我们所处的环境和弗洛伊德所处的环境已经有很大的不同。在当下，我们见证了"全球化"的迅速发展，全球化亦是统一化和同质化表现，即在全球范围的大企业经济技术的重组。资本全球化催生了一批跨国精英阶层的产生，当下的信息交流要借助卫星网络。这种新的交流模式催生了新的亲密感以及全球消费文化下的信息高速传播。但是，另一方面，我们也确实陷入个体心理学和群体心理学的困惑。我们只能部分地理解这种现象，并且缺乏理解这些偏差的组织原则，我们对此的解释常常是一些陈词滥调而已。此外，我们不得不面对自我感和异己性的辩证被阻断的事实。按照杜尔凯姆（Durkheim，1925）的观点，这最终催生了暴力行为的产生。生产和消费主义是大众参与的流行文化，个人享乐主义都被明码标价。

视觉新媒体的出现改变了信息交流和传播的方式，有些变化甚至被提高到文化层面。在此影响下，我们将宗教运动视为通过仪式而获得的身份认同感。我们这一时代的历史，处于宗教神话意象（我们通过其寻找新的意义）和新媒体提供的意象（保存现代生活的神话）之间。这种生活介于对过去的幻觉以及当下和未来的幻想之间。克恩伯格（Kernberg，1998）认为群体文化是"对个体具有吸引力的文化表征，在这种情况下，个体会受到真实的或幻想的群体的影响"。他认为群体文化与各种传播方式，比如媒体、无线广播、电影、电视等密切相关。

视觉表象提供当下世界的瞬间图像，具有直接性、即时性，没有任何的阻碍和延迟。这种即时性是梦或者其他原始过程的典型表现形式；视觉表象激发各种感受，比如爱、恐惧、愉悦、焦虑、愤怒。但是大众媒体，尤其是电视，不会让个体产生归属于某个群体的双重感知。确切地说，不会让个体产生一旦归属某个群体就可以保护自己的那种感受。我们对大众媒体超越主体性的参与并不明显：我们被媒体触动、引导或渗透，几乎没有反抗或者防御的可能，因为我们很容易（没有任何矛盾冲突）接受某种既定现实并视为理所当然。当然，我们总是试着去理解现实、发现因果，理解生活事件，但是我们不会感知我们作为大众之一员的存在状态，我们和别人发生联系、被别人影响，对这一点认识不足导致疏离感。我们通过变得顺从或者其他模糊的方式（Amati Sas，1992）获得安全感，就好像我们毫无矛盾地接纳很多强加于我们的毫无生命力的认同［惰性认同（inert identification）］一样。

统计学和计算机也会影响人类情感。人类可以通过媒体处理他人的心理现实，巨型机器文化（Amati Sas，1985）同样为此施加影响。通讯技术以及图像技术的发展让我们和他人的关系变得抽象；我们习惯于观看周围的一切，但是我们真的是用眼睛在看吗？我们见证了联盟的坍塌，我们有时候渴望和别人不一样、是特别的存在，尤其是宗教差异和伦理道德，常常被外力激发，有时导致凶残的暴力行为。

一般来说，我们认为西方文化中的种族主义和个体自恋是类似的，前者是后者的集体表现形式，也就是说，我们不接纳异己，同时也拒绝承认本群体和其他群体具有相似性。我们拥有别人应该和我们相似的自恋式愿望，但又对此予以拒绝，这就不可能具有达成共识的可能性。暴力会以恶性循环的形式重演。对身份和认同的保护，如果涉及领土保护相关的自恋主义，就会催生暴力事件。对身份感和领土保护的需要以我们对文化、教育有关的潜在反应为先决条件。一个结果是移民，这可以由世界不同地区经济环境的不平等来解释。另一种是彻底驱逐，数百万人因为政治形势等原因，被迫离开自己的国家，逃难，寻找避难所。

在更广的范围内理解群体

萨特（Sartre，1960）认为，疏离（alienation）是人类存在的一种形式。从个体诞生的那一刻开始，他就处于某种疏离状态，且终其一生都与这种疏离感相抗争。疏离感有两种表现形式，即差异性（otherness）和客体化。如果可以战胜"我是唯一"的存在感，就能达成互利关系，也就是说，彼此之间相互融合，某个体之于其他个体，就像个体之于自己的那种关系（像爱自己那样爱周围的人）。个体内化了群体中的他人，人们借此连结在一起。萨特对"连续性"（seriality）（众多中的一个）和疏离感的定义让我们得到这样一个结论：我们之所以需要交流，是为了抵抗混乱和大众化。群体混乱感（chaos）与个体无法和别人建立联系（哪怕很小的联系）有关，它让个体陷入孤独和混乱。严格刻板地遵守规范可以免除焦虑感。大众化体验常常代表个体自我感的丧失，取而代之的是寻找理想的、幻想的群体自我，不会再有"我们"的说法，只有"群体"的说法。在大众化的过程中，由于自我和他人差异的消失，彼此的沟通也中断了。

萨特提出，群体出现就是为了对抗疏离感和连续感。所有成员团结起来对抗共同风险，在对抗风险的同时，群体随之发展壮大。对萨特而言，连续性是这样一种人类关系：所有成员彼此之间毫无差异，每个个体都可以被其他个体取代。这意味着我们用事物的属性去理解人，以至于群体唯一可能的形式就是彼此疏离的个体的无机组合。有关连续性的共同经验是群体运动的启动点。

继弗洛伊德之后，布莱格（Bleger，1967）提出，即便是具有"连续性"的群体，成员彼此之间看似毫无关系，其实在成员心理世界某些无意识的、融合性的联系是存在的。布莱格认同下列观点：个体认同感是基于群体相关性、成员彼此之间的同质性而建立的。

拜昂（Bion，1970）曾经以分析师的视角描写群体，分析师作为群体的一员，常常将自己暴露于混乱而复杂的情感中，而弗洛伊德就以旁观者的身份阐述群体现象。拜昂认为，群体需要神秘的、不断涌现的天才。但是群体必须具有活力，而且持续发展。神秘主义者需要群体为其提供这样一种氛围，在这种氛围中，其才华可以发挥和增长，但是这种氛围里的关系是有问题的，神秘主义会威胁到群体存在状态以及凝聚力，甚至是以灾难的形式给群体施加威胁。这些威胁可以导致紧张，以及毁灭神秘主义倾向的驱力，为了保证群体和其凝聚力，甚至不惜以群体的发展和活力为代价。

我们面临着对神秘主义不认同的问题。拜昂（Bion，1961）提出的基本假设群体不同于工作群体，且对群体的理性和非理性层面，以及退化群体和功能完善的群体进行了区分。我们在勒庞（Le Bon，1895）和麦克杜格尔（McDougall，1920）对群体的描述中也能看到上述区分。拜昂强调，每个群体都有一个方面依赖于基本假设。唯一的问题是，基本假设功能到底有没有对工作群体产生有利的影响。

和拜昂一样，弗洛伊德提出的主要问题是，人类如何理解并支配那些黑暗的、不理性的、原始的冲动。弗洛伊德将其称为本能驱力，拜昂通过提出人（尤其是群体中的人）具有两面性来解决这个问题。人具有两面性主要表现为：理性/科学性、非理性/原始性，以及迷失在幻想中。弗洛伊德和拜昂观点的不同之处在于他们是如何看待情感体验的：人类如何回避或者获得特定的情感体验，而不仅仅限于感激之情或者失望体验？

拜昂（Bion，1975）曾这样总结连结的概念，他认为这是一种复杂的结构，包括主体、客体以及主客体之间的学习和交流。学习过程被加强或者被阻碍取决于主体间或者主体内符合逻辑的或进退两难（对抗的、敌对的）的关系。这意味着，认同的过程好像是开路电路，或者是刻板封闭系统。拜昂认为内在世界是一个系统，包含相关客体之间的互动，同时保持和环境的互动。连结结构对本能驱力概念的替换促使人们将心理学定义为社会心理学。拜昂称自己所有的观点都是实践的结果，而且都可以从弗洛伊德的理论中寻到踪影，尤其是《群体心理学与自我分析》，但这种说法意味着和传统精神分析理论的决裂。

贝伦斯坦以及普吉（Berenstein & Puget，1997）从元心理学角度对这个概念进行了放大。他们认为，连结是主体间性的基础，这同时阻碍了三个独立空间（自我、本我、超我），每个都具有特定的表象。这个概念化过程不同于客体关系，是主体内的。这些理论家提出一个两级的无意识组织（两个自我，一个是实际观察者，是从外在看到的自我，一个是自己内部反观的自我，两者之间靠中介而相互联系）。

人类和社会的相互关系

在《群体心理学与自我分析》一书中，弗洛伊德（Freud，1921）曾试图搞清内在心理现实以及外在现实相互作用、相互影响的方式，它们是伴随发生、完全同步还是延时发生的？这种过程是否符合无意识或意识的逻辑规律？翻看弗洛伊德整部作品，他对内在世界有着非常贴切的描述。他的观点颇具描述性（Freud，1921：68）："在个体的心理世界中，他人总是存在的，可能是一个偶像、一个客体、一个曾经帮助我们的人，也可能是一个竞争者。从个体心理发生的最早期或者刚开始（请允许我用这种看似夸张实则合理的言辞），社会心理学就形成了。"

弗洛伊德还分别提到了人类与父母、兄弟姐妹、客体的爱以及医生的关系。这些关系都是精神分析的研究领域，也是一种社会现象。这些现象或许和自恋现象相对立，但是基于克莱茵对于精神分析的贡献，我们观察到，自恋主义和我们已经内化了的外在连结有关，也就是说，那些我们称之为"内在连结"的关系。它们产生于自我，是群体关系的一种形式。这些连结的结构，包括主体、客体以及其相互关系，常常被生命早期的体验塑造。

弗洛伊德坚持对不同群体的区分，但是他还坚信这样的观点：个体间的互动是一直存在的，而原始的社会交往动机［即社交本能（social instinct）、群聚本能（herd instinct）、群体心理］并不足以解释这些互动关系。这意味着，个体可以仅仅通过依赖于社交圈就可以称其为人类。他人都存在于自我之内，这是通过融合和内化机制实现的，融合和内化导致认同的发生。同时，对于个体的心理世界来说至关重要的他人并不能完全决定个体的行为，因为对于个体它仍保持着一定程度的自主性和独创性。内化关系的总和会持久存在于人际互动中，构成了伴随着关系和无意识幻想的内在群体。

精神分析将注意力集中于那些将我们和外在世界隔离开的"屏障"。"屏障"概念促使安齐厄（Anzieu，1985）对"皮肤自我"（ego skin）的概念进行研究，而这些研究是以埃斯特·比克（Esther Bick，1968）、约翰·鲍尔比（John Bowlby，1973）、拜昂（Bion，1962）、温尼科特（Winnicott）的贡献为基础的。每当我们提及认同这个概念，我们都会假定个体和另一个独立客体的关系是存在的；自我的形成取决于母亲和婴儿互动的方式，即生命早期母亲如何和婴儿相处（Winnicott，1965），并且如何接纳婴儿（Bion，1962）。安齐厄这样阐述"皮肤自我"，他认为"皮肤自我"是生命早期孩童通过和自己身体接触的体验来表达自我存在感的一种形式。皮肤自我同时具有"袋子"的功能，将很多好的、丰富的感受纳入其中，是个体在生命早期第一次和他人接触时的保护屏障、一个容身之地，同时也是一种交流手段（Anzieu，1985）。

在认同形成之前，需要个体和客体建立关系，在群体或社会出现之前，我们就已经了解到对屏障的认识多么重要。这个屏障让孩子保持、保护自我，而且在此基础上第一次和他人建立关系。首先，个体依赖于自身身体机能，后来逐渐依赖他人和群体，同时人类心理结构也在依赖/失落/创造性的依赖中取得进展。人类徘徊于对自恋客体的依赖（强化了封闭状态）和选择依赖的客体（和他人结合并最终产生创造力）之间。

认同

认同（identification）的概念对于理解处在与外在世界关系中的个体性的起源和发展是至关重要的，对于群体心理学来说亦是如此（Freud，1921：68）："个体心理学从一开始就是社会心理学。"认同这个概念对于我们理解自我、超我、自我理想、性格以及身份感来说均具有重要意义。在主体、客体持续的互动过程中，认同是恒常的存在。正如弗洛伊德所说，孩童对其欲望客体展现的最早行为是吞并他们，然后在自我中再造他们，这就是认同形成的基础。如果我们把认同视为所有人际关系的基础，我们就会发现，它在个体和客体间创造出一股同情氛围。这不仅仅是因为主体和客体常常具有相同的情感、秉持相同的态度，同时还因为它允许个体将自我置于他人的位置上去了解对方的想法和行为。我们需要对认同和模仿（imitation）两个概念进行区分。弗洛伊德曾在《群体心理学与自我分析》中通过三个概念［暗示（suggestion）、感染性（contagion）、着迷（fascination）］对这个问题进行讨论。认同是主体进行修正的无意识机制，而模仿则是对特定行为的反应性复制。两个过程或许会整合在一起。弗洛伊德提出认同有多种类型，但是所有的认同都逃不过以下三种来源：第一种是原始性认同，即个体和客体连结的最原始形式；第二种认同是取代和他人的连结，将其压抑性地内摄至自我；第三种认同是伴随着对非性欲客体所具有的品质的新的认识而产生的。

群体内认同以重要普遍的情感特性为基础。弗洛伊德（Freud，1921）曾对认同和陷入爱恋状态进行比较并讨论了群体形成的问题。对陷入爱恋来说，自我通过获得爱恋客体品质而得以丰富，但与此同时，自我也因为屈从于客体（占据了自我理想的位置）而得以衰减。因此，陷入爱恋到催眠只有一步。初级群体是群体成员将相同的客体置于其自我理想的位置，然后借由彼此认同而产生。在某种程度上，我们认为这种现象和自恋性认同相类似，埃斯特·比克（Esther Bick，1984）将其描述为"黏附性认同"（adhesive identification）。正如其名字一样，它是认同的单一形式，肤浅而空虚，缺乏连续性和深度，仅仅是一种浮于表面的联系。黏附性认同可能会产生一种依附性依赖感，而个体的独立存在性往往是被忽视的。它类似于拜昂（Bion，1895）和弗洛伊德所说到的群体现象：个体丧失了独立存在性，而把领导者当成理所当然。

弗洛伊德认为：个体拒绝依赖的时候，黏附性认同就会坍塌，因为这种感受就像被客体（领导者）撕裂和抛弃一样。我们因此可以观察到，自恋性认同何时变成投射性认同（projective identification）。投射性认同包含着混乱，属于主体的某些特质逐渐进入客体，会导致主体失去其个体性，而客体则会被某些原本不属于他的东西所侵入。投射性认同包括主体及与之相异的、让界限变得模糊的身份感，同时还包括将自己叠加于他人的过程。拜昂在对大众现象的讨论中对此有很好的描述。弗洛伊德（Freud，1921）在探讨群体和暴民的情感主题、亲密感、冲动行为、自我理想投射于领导者的衍生形式、成员对领导者的认同，以及成员之间彼此认同的时候，对投射性认同也给出很好的解释。

大屠杀之后认同的变化

大屠杀带来残暴恐怖后，世界发生了很多变化。在 20 世纪 30 年代，集权主义走向衰弱。但是国家主义、种族主义、仇恨还在我们身边。弗洛伊德在《群体心理学与自我分析》和其他著作中所说的认同大多数是来自于他和具有躯体转换症状的癔症患者的临床工作。但是，第二次世界大战之后，通过对更多本能驱力所致障碍（多具有自恋性、边缘性，起病多与自我相关）的逐渐了解，又提出了新的认同概念。

第二次世界大战以后，尤其是奥斯维辛集中营以及广岛事件之后，我们治疗了更多经历了极端暴力的患者。和他们工作所获得的临床经验让我们通过一些极端的措辞，阐释了一些极端的概念。比如，普吉（Puget, 1991: 123）等详细描述了弗洛伊德的观点，并以我们未曾想到的方式对社会暴力进行了探讨。对于普吉来说，接纳这些新的分类就等同于接纳一个不可知的心理空间，如果用语言形容这个世界，必然会导致疯狂和死亡。这意味着对自我之外的世界的接纳，个体已经陷入这个世界但是并不知道一切是如何发生的。此外，这还代表着那些对不可知、不能共享的、感官性知识的认识。

韦格维茨（Wilgowicz）曾经探讨纳粹对犹太人大屠杀对罪犯和幸存者后代的影响，并由此提出一个专业术语"吸血鬼式认同"（vampiric identi-fi-cation），在这种认同方式中，主体并没有死亡，也没有生命活力，甚至还没有出生，他们以一种无形的、没有时间感、没有空间感的方式存在，一直被囚禁于前辈的创伤体验中。作者强调说，分析师必须对大屠杀幻想予以处理，这来自于吸血鬼情结，包含杀子、弑父弑母，以及来自于俄狄浦斯情结的乱伦和弑父弑母渴望。

我（Gampel, 1996）曾经把大屠杀幸存者的认同形式类比为"辐射物"，即外在现实悄然进入个体的心理世界，然而个体却无法控制这种侵入、灌输的过程以及其所带来的效应。这种"辐射式认同"（radioactive identification）（Gampel, 1999）是难以描述和表征的，他们深藏于个体的内心，代表着外在现实给我们带来的辐射性影响。它们对不同机构、大型群体或者国家带来的影响可以持续很久，最终又通过代际传递回归到个体身上。如果我们自认为是时代的孩子，那么，我们反观一下我们所处的时代，反思时代的残酷性，并且希望那些被埋葬的证据会通过我们对辐射性认同体验的处理而得以反映。正如我说的，这些残留物的影响在我们的后代中也可以表现出来。

那么，21世纪的我们应该通过什么概念来描述个体的心灵状态，而它曾经因为社会暴力的影响而变得支离破碎？精神分析除了治愈伤痕之外，还能做什么？我们能避免以后的伤害吗？

辐射性认同

我曾经提出一个概念，用来说明强烈的社会暴力经历给个体及其后代带来的影响（Gampel，1993&1996&1999）。当个体在群体中被当成东西一样的存在（而非活生生的个体）时，当外在世界的影响已经触碰到所有人格特质并如同辐射物那样渗透其中的时候，我们就可以使用这个概念。这种辐射性，可以渗透主体的所有层面，导致一种特殊认同形式的产生。

现在来重申一下"辐射性"的概念：外在现实悄然进入个体的心理世界，然而个体对这种侵入、灌输的过程以及其所带来的效应却无能为力。辐射性认同是一个概念、一个隐喻，用来比喻负面、极端、暴力、破坏性的外在现实对我们产生的渗透式影响，而且个体对这个过程毫无防备。辐射性认同或者辐射核，由不能表征的残余物组成，他们象征着外在世界之于个体的影响，并且深藏于个体的内心世界。这些象征着辐射性影响的、无法表征的残留物很难用语言和文字进行表达，只能通过意象、症状、梦得以体现。

个体将这些辐射性残留物进行内化，而且无法意识到这个过程是如何发生的，内化之后对其惨绝人寰的兽性进行了认同。该个体此后就会表现出认同相关的行为，表现出原本不属于他的特性，如果不是这样的话，他们也会通过代际传递"传递"给子孙后代，其子孙后代会表现出类似的行为。

我们推测，对暴力的感受就好像辐射物一样，渗入并且想尽办法侵入自

我、本我、超我三个心理空间，进而污染心理世界的纯洁性（Berenstein &
Puget，1997）。每种空间都会根据其特有的机制接受或者拒绝这种辐射
性。精神分析的作用就是让我们修通共同创伤体验中让人厌恶的心理卷入。
因此，我们或许可以找到一个好办法客观地认识我们在社会环境中的角色，
不至于高估，也不至于低估（Gampel，1992）。

问题是暴力和攻击性虐待是通过什么方式导致人们丧失界限感，进而融入
到暴虐的群体中。很重要的一点是，我们把自己感知为活生生的人，是某个集
体的一部分。我们每个人都要保持单一的、独立的自我，在此基础上重新寻找
可以和群体以及群体罪行相抗衡的人类属性。通过把死亡具体化的方式攻击死
亡，意味着历史的断裂，因为历史就是基于对已逝之人的记录。如果因为抹杀
了消失或消亡本身，我们无法继续讲故事，那么死亡也就不具有历史意义。这
些故事也不会被见于文字，而是被当成一个可分割的、实在的客体。

在弗洛伊德的著作中（我们刚结束的对某些论点的阅览），心理现实包
含对精神分析师和患者来说都很重要的历史文化遗传。我认为，社会暴力这
个因素也应该纳入其中。不能“阅读”或者了解临床案例中的社会暴力因素
就会影响未来的心理发展可能性。奥斯维辛集中营和广岛事件是 20 世纪我
们共同的历史时代背景（Gampel，1997）。

社会暴力受害者的反思小组

最后，我想要和你们分享一些特别的体验，这来自于我和一个特殊群体
的工作，这群人或多或少地以某种方式验证了我们本章所涉及的问题。这个
群体的成员都经历了 20 世纪社会暴力的残酷创伤体验，他们都经历过大屠
杀。曾经有 7 年的时间，群体成员定期会面。他们之所以这么做，目的是交
流、思考、共同磋商他们过去和当下的生活。群体成员会在每个月固定的一
天约见，每次持续 3 小时，这是一个开放的小组，之前曾经因为创伤被访谈
过的个体都受邀参与进来。总共差不多有 30 ~ 40 个人参与其中（Gampel，
1998）。下文的记录来自于 1990 年 7 月 2 日的会面（此后我们都会对会面
的过程进行记录），这是暑假之前的最后一次。这次小组会面生动地阐述了

灾难性社会暴力的印记，并且探讨面对创伤，疗愈、恢复的可能性。这些记录只是小组谈话的一部分内容，我们之所以选择它们是因为其内容和我们所探索的主题有关。记录的顺序并不遵循会面的顺序，而是按照主题组织的。其中的内容被最小程度的修改或编辑。陈述者的性别标注在引文的开头。

群体对恐怖主义的讨论

群体成员在主体内和主体间世界中，都努力避免再次体验暴力，他们想要搞清楚如何避免更多的暴力。

其中一位参与者：

B先生："对我个人来说，我觉得我，说真的，我的情况还是不错的，甚至可以说我的情况已经很不错了！我总是试着这样告诉自己。我经历大屠杀的时候才七八岁，或许我是幸运的吧，因为那时候我还很年轻，以至于我可以把事情深藏于意识深处，让我可以过好当下的生活，可以看到阳光的一面，看到未来生活的希望（深吸气）。但是，参加这个会面却让我陷入矛盾。很明确的一点是，当我听见有人说"生活的一切都是黑暗的"时候，我根本没法安静下来，也听不得别人说"根本没有蓝天，天是黑的，太阳还是大屠杀那个时候的太阳"，听到这些我就会勃然大怒。听上去好像一切都没有变。这就是我为什么对这些描述感到如此不安。当别人对既往的经历进行分析的时候，我没有觉得不舒服，但是上面的说法最让我受不了！"

另一个群体成员：

C先生："我要告诉你！你是很小的时候经历了大屠杀，你说你是七八岁，但是你别忘了这里还有上了年纪的人，我经历大屠杀的时候已经20岁了，年龄越大，人们对大屠杀的体验越差、越黑暗。"

B先生："……那不是20年前，不是70年前。我的孩子永远不会了解我们经历了什么。他们什么也不知道，我们从来都不提。我的妻子和我都经历过大屠杀，我们对此都选择闭口不谈，大屠杀是我们的禁忌。我们从不主动谈论它。但是如果孩子们发问，我们就会告诉他们。这是我所能做的一切。"

D女士："这一切到底为什么会发生？我发现我最近总是想这个问题，我，失去了所有家人！我控制不住地去想他们是如何被杀害的，虽然我知道他们是如何被杀害的。每个不眠的夜晚，每当我闭上眼睛，我就控制不住地思来想去。这么多年过去了，我的想象越来越坏，但我还是搞不明白。所以，一直困扰我的问题是，为什么！一切怎么会变成这样？这些事情都已经过去了，我已经经历过了，而且我现在有了新的美好生活，我去过匈牙利又回来了。我有以色列护照，当我去匈牙利的时候，我感受到作为一个以色列人是多么幸福，我去过很多次了，每次都很享受这种感觉。这个特殊的地方，我去过，又回来，我曾经在那里发誓：如果我可以逃出大屠杀的地狱，我一定会在别处建立我的生活，我会有很多孩子，我会有女儿，会有孙女。我做到了。我带着孩子去到那个对我来说有着特殊意义的地方，我当年曾经发誓要逃出去的地方。我这么做的意思是告诉孩子们，他们真正的出生地是在匈牙利。一直到几个星期以前，我都很好，可是自从我开始几乎每天都要买下所有的报纸，我注意到，我试着调整状态，让我不要再每天买报纸了（她谈到了大屠杀）。"

Y.G.（群体协调员）：听上去，作为保护伞的"以色列"还是让他们失望了。

D女士："现在我特别特别的焦虑，将来还要发生什么？我的孩子、孙女，他们将要面对什么？如果发生在我们身上的事情发生在他们头上怎么办？我们现在终于有了祖国，但是在过去，没有祖国，只有我自己一个人，凭着我的意志活下去。"

Z女士："我的焦虑不仅仅来自外面的世界，还来自于我经历过的事情、我内心世界的变化，来自于年龄。随着孩子慢慢长大，有时候，甚至是突然之间，那些和我亲近的人就离开了我，我失去了他们，这又让我想到那个岁月，周围的人一个接着一个死去。孩子们现在长大了。他们已经不再需要我了。我并没有真诚地问过我自己，我之所以要做一个这样的好妈妈，到底是为了谁。我经常说，我曾打败希特勒，我赢得了战争，我告诉别人我把孩子培养成了别人期望的样子：孩子们非常优秀，他们确实在很多方面都很优秀。而且，他们都是善良的人。对我来说，这一点才是最重要的。"

身为幸存者：从羞耻到自豪、从无助到充满毅力的战斗

M女士："刚加入这个组的时候，我发现，我们经历大屠杀的时候，还都是小孩子，当然有一些人可能稍微年长一些，有些人更小，可能Z女士是我们当中最年轻的一个了。大屠杀开始的时候我也很小，差不多刚满四岁。好像突然一瞬间我竟然为此感到骄傲。我只是一个四岁的小女孩，从那时候开始，我为了生存下去，苦苦抗争坚持了6年。在四岁半的时候我已经失去父母，成为孤儿，当时也没有人照顾我，我所做的一切努力就是为了生存下去。我曾经以这些为耻辱——我是一个孤儿，战争之后，我被一个寄养家庭收养。但好像是一瞬间，在你们的帮助下，我对所有的经历感到自豪，而不再是羞耻。我从来没有认真地考虑过这些事情。我想到的另外一件事情是，需要声明的是这不是侮辱而是赞扬：我们是多么的自我，我们所有人看着发生于我们身上的一切，仿佛变成了一个圆圈将我们环绕起来。这并不是……好吧……最后，我想说的是，这种自我主义其实相当开放，因为我们愿意接纳批判和评论。"

"我想到的第三件事关于意志力。我之前觉得只有我一个人在努力，现在觉得我们群体的每一个人都充满毅力。正是意志力让我们活下来。我想不出用别的名字来称呼它，这也正是我们为什么一直说我们活了下来，我们战胜了一切困难。我们战斗、挣扎，和折磨我们的恐惧、焦虑作斗争。我们并没有压抑和抹杀那些恐惧感。我们一边要克服焦虑，一边抚养照顾我们的孩子。当我们看看孩子们，最令我们骄傲的是什么？的确，我们从他们身上得

到很多。无论如何，现在我终于承认，过去我觉得过分的索求是合理的。但我确实需要，我也有期望。我知道如何去索取，现在我们有了很优秀的孩子们。这也是我对我们所有人的印象。"

从被帮助、被包容到接纳他人和服务

D女士："我是从那一年初开始加入进来的。那一年，塔米给了我一个笔记本，上面记录了群体会面的过程。当时我想，当年大屠杀中的孩子，现在又见面了，他们互相探索如何处理和面对生活，如果着眼于当下和未来。这可能也正是我想要的。"

F先生："记得有一年，我们组织了几次会面，那几次会面真是切中要害，他们触动了我的内心。对我来说，那是我第一次通过他人的感受看待自己，第一次对自己有更深入的了解，而此前我并不知道我是这样的人。这些会面让我们坦诚相见。曾经有一段时间，我们的会面真的让那些尘封的往事，潜藏于内心深处的世界暗潮涌动，想要释放出来。毫无疑问，我深知，面对同样的事实真相，总有人和我有着一致的感受，有着同样的质疑和困惑，也有着相同的愿望，这一点曾让我感到惊讶。这些会面确实帮助了我。他让我真诚面对、分析自我，打开心扉，总结过去，也看到新生活的可能。"

第二代

有一次，一个幸存者的孩子也来参见会面，这个孩子作为幸存者的后代分享了她的观点。她说她做了很多努力以逃避那些通过代际传递转移到她身上的辐射性认同。

"她给我讲过的事情里，让我困惑的是她描述一切的方式。其中我觉得最困难的一点是你总说"我的孩子很优秀，我的孩子很棒，我很强大，我的孩子也很强大"诸如此类的话。我再也受不了了，这些话让我觉得备受折磨、倍感痛苦，我不想这样强大下去，也不想成为什么女英雄。我也不想像我妈妈希望的那样成功。她就是想把这一切强加给我们。这就是她生养孩子的目的，她让我们成为她希望成为的人。我今天刚好想到这一点。我之前也跟别人讲到过。我现在 26 岁了，我所做的一切仿佛就是活下去，我并没有真正生活过，我只是活着而已（听众：她在说些什么？）。我觉得我只是在活着，我为了感觉到活着、为了那些需要达到的目标或别人给我的期望而苦苦挣扎。"

"但我想要的不仅仅是活着那么简单，我并没有经历过任何战争。我需要的是认真生活、享受生活，丰富生命的感受，可以是成功或失败、强大或脆弱。当然，所有体验都来自于顺其自然的生活，我不想刻意而为之，我的出发点是好的，不是什么坏的意图。但我的生活并非如此。很多经历过大屠杀的父母都怀抱着美好的希望，他们希望孩子们变得强大，可以克服一切困难，他们将这种强大感（要为一切而战，要成为英雄，要变得强大）传递给我们。（听众问：有意识的还是无意识的？）无意识的，这当然是无意识的。（听众：你错了，不是你说的那样的）我当然不是说你们每个人都像我说的那样，我也没说别人，我只是在说我自己。我感觉我妈妈给了我活下去的能力，这一点是好的，但是我真的需要为了活下去而付出辛苦的努力吗？我不需要。但是我确实还是接受了这一点，而且还做得相当好。"

A 女士："我想说我来到这里，其实有很多事情埋在心里很多年了。我不知道谈论它们到底是不是禁忌。总之，我以前从来没有提到这些往事。在这里，我第一次敞开心扉，我找了一个可以安心讲话的地方，而且，我不是孤零零的一个人，我有很多同伴，他们可以和我一起分享经历。我不是个例外。（听众反馈：但是在外面，对于我们之外的其他人，你也一直保持沉默吗？）在外面，其实也没有人想要听我谈论这些。他们让我保持沉默，不让我说。在这里，我可以敞开自己，讲述那些深藏在内心深处的经历。甚至当他们逮捕了阿道夫·艾希曼（犹太屠夫）的时候我都没有讲那些事，我真的是在这里第一次打开内心世界。"

第二代参与者。W 女士："当我提到生存的时候，我的真正意义其实是我母亲提到的生存，这一点对我来说相当的困难。我母亲总是告诉我，无论如何都要说出真相，这对于我来说，无异于一场战争。因为对于我来说，这意味着我除了真相，什么都不能说。而且，当我需要自由表达，却总是通过争吵的方式。我总是告诉他们：'我有权力拥有自己的感受。'他们会说'她到底想要做什么？她当然有权力去拥有自己的感受。'但我还是会因此吵架。那些曾经对她（母亲）来说至关重要的、让她担惊受怕的事情现在转移到我身上，我也为此紧张、担惊受怕。这并不是一种自然状态，我26岁，却像一个5岁小女孩一样。我需要自己决定要不要说出真相，我也有撒谎的权力，我有权力做其他很多事情。"

E女士："我也有过很多经历。我经历过贝尔根-贝尔森集中营和其他很多集中营，我承认我孩子的感受，我在家里没有说过，但是我一直都知道。"

"大屠杀开始的时候我才13岁。我感到孤独。所以我不知道怎样抚养孩子。我只知道：'如果她不吃东西，她就会死在我面前。'还有一个事情，我到现在还做梦，倒不是梦见我是一个因为害怕而逃跑的孩子，而是梦见我和我的孩子一起逃跑（她的声音开始哽咽）。我觉得，他们是我生命的全部。我也不想这么想。我拒绝这一切，试图不去想，但是夜深人静的时候，这种感觉似乎回来了。"

讨论以色列发生的巴勒斯坦起义（大屠杀）

听众提出一个问题："你如何处理内心涌现的仇恨？"

S先生："这不是时而涌现的仇恨，我觉得我根本没有离开奥斯维辛（所有听众：嗯……）。我依然记得那些熊熊燃烧的焚尸炉，罗兹犹太人集中营，我看着他们把我的孩子，那些婴儿装进麻袋，然后就把他们扔掉，再也不管他们。我还看到一个希特勒青年团士兵，拿孩子们练习射击，竟然还告诉孩子应该逃跑。"

"七万犹太人，三天，德军把他们送往奥斯维辛，杀害了他们，把他们扔进焚尸炉，这么多人，仅仅只有几个人活了下来，难道你不应该永远记住这一切吗？（听众：谁忘记了？没有人会忘记。你以为我们来这里是为了什么？）问题是，我们真的想要杀害别人，相互残杀吗？我们真的想让我们的孩子相互残杀吗？而且，这么做仅仅是为了当一个……一个英雄？"

"一切都是为了活着，谁想要杀了我，我会先杀了谁，这是我的人生信条！"

这样一个群体，所有成员都经历过社会暴力，有着相同的生活背景和经历（比如，他们都是大屠杀的幸存者，那时候，他们还是孩子或者还是青少年），他们理应被视为一种"道德组织"，这样的群体可能会表现出典型问题，在和他们工作的过程中，我们应该想到这一点。他们根据别人对他们的看法组成一个群体，他们在一起不是因为爱，而是出于对那些不能接纳他们的人的愤怒和恨意而相聚在一起。他们的愿望是"去除之前的认同"，之后再寻找其他方式的认同，那些可以让他们拥有归属感的认同。

那么，这个群体能做什么呢？群体为这些幸存者提供了一定的空间，让他们思考过去，那些曾经爱过的人，经历过的磨难，以及伴随磨难产生的罪恶感和羞耻感。启发他们从新的角度去理解过去的经历，让他们从对经历的简单回忆变成将之视为生命中的特别经历，把对事件的蜻蜓点水式描述变成对事件意义的追寻，并进行深入的分析和理解。

群体成员因为共同的经历和感受聚集在一起。它让群体成员和自己的身体、他们的独特性、所经历过的历史、当下的生活和未来，和其他的幸存者，都建立了一种新的亲密关系。在这个群体里，幸存者们可通过条理的、系统化的思维方式重新思考集中营，重新获得有效的斗争感受。

经过几年一起工作的经历，幸存者的陈述让我们把不同的证据、组织联系在一起，让我们共同思考极端情况。这个群体为我们呈现了一个漫长的修通过程，反映出群体、大众、国家、机构、群体、个人的相互关系，通过这个群体，我们可以了解到群体心理学如何对个体产生影响，如何导致这些受害者在数十次会面中所表现出的变化。

参 考 文 献

Amati Sas, S. (1985), Megamuertos: Unidad de medida o metáfora? *Revista de Psicoanalisis,* 42:128–137.

Amati Sas, S. (1992), Ambiguity as the route to shame. *Internat. J. Psycho-Anal.,* 73:329–334.

Amati Sas, S. & Gampel, Y. (1997), Mass sexuality, private sexuality (what sexuality, whose sexuality?). Presented at meeting of International Psychoanalytical Congress, Barcelona.

Anzieu, D. (1985), *Le Moi-Peau.* Paris: Dunod.

Berenstein, I. & Puget, J. (1997), *Lo Vincular: Clínica y Técnica Psicoanalítica.* Buenos Aires: Paidos.

Bick, E. (1968), Experiences of the skin in early object relations. *Internat. J. Psycho-Anal.,* 49:484–486.

Bick, E. (1984), Further considerations of the function of the skin in early object relations. Findings from infant observation integrated into child and adult analysis. *Brit. J. Psychother.,* 2:292–299.

Bion, W. R. (1961), *Experience in Groups.* New York: Basic Books.

Bion, W. R. (1962), *Learning from Experience.* London: Heinemann.

Bion, W. R. (1970), *Attention and Interpretation.* London: Heinemann.

Bleger, J. (1967), *Simbiosis y Ambiguedad.* Buenos Aires: Paidos.

Bowlby, J. (1973), *Attachment and Loss: Vol. 2. Separation: Anxiety and Anger.* New York: Basic Books.

Durkheim, E. (1925), *Moral Education: A Study in the Theory and Application of the Sociology of Education,* trans. E. K. Silson & H. Schnurer. New York: Free Press of Glencoe.

Falzeder, E. & Brabant, E., eds. (1996), *The Correspondence of Sigmund Freud and Sándor Ferenczi, Vol. 2, 1914–1919.* Cambridge, MA: Belknap Press of Harvard University Press.

Freud, S. (1905). *Three Essays on the Theory of Sexuality. Standard Edition,* 7:130–243. London: Hogarth Press, 1953.

Freud, S. (1915), *Instincts and Their Vicissitudes. Standard Edition,* 14:117–140. London: Hogarth Press, 1957.

Freud, S. (1919), *The Uncanny. Standard Edition,* 17:219–256. London: Hogarth Press, 1955.

Freud, S. (1920), *Beyond the Pleasure Principle. Standard Edition,* 18:7–64. London: Hogarth Press, 1955.

Freud, S. (1921), *Group Psychology and the Analysis of the Ego. Standard Edition,* 18:69–143. London: Hogarth Press, 1955.

Gampel, Y. (1992), Psychoanalysis, ethics, and actuality. *Psychoanal. Inq.,* 12:526–550.

Gampel, Y. (1993), From the being in itself by modeling through transformation by narration in the therapeutic space. *Brit. J. Psychother.*, 19:280–290.

Gampel, Y. (1996), The interminable uncanny. In: *Psychoanalysis at the Political Border,* ed. L. Rangell & R. Moses-Hrushovski. Madison, CT: International Universities Press.

Gampel, Y. (1997), The role of social violence in psychic reality. In: *The Perverse Transference and Other Matters,* ed. J. Ahumada, J. Olagaray, A. K. Richards & J. Olagaray. Northvale, NJ: Aronson, pp. 461–470.

Gampel, Y. (1998), Einige Gedanken zu Dynamiken und Prozessen in einer Langzeitgruppe von Uberlebenden der Shoah [Some thoughts about the dynamics and process of long term large group with child and adolescent survivors of the Shoah]. *Psychoanalitische Blatter,* 9:83–104.

Gampel, Y. (1999), Between the background of safety and the background of the uncanny in the context of social violence. In: *Psychoanalysis on the Move,* ed. E. Bott Spillius. London: Routledge, pp. 59–74.

Kernberg, O. F. (1998), *Ideology, Conflict, and Leadership in Groups and Organizations.* New Haven, CT: Yale University Press.

Le Bon, G. (1895), *La Psychologie des Foules.* Paris: Félix Alcan.

McDougall, W. (1920), *The Group Mind.* Cambridge, UK: Cambridge University Press.

Moscovitz, J. J. (1998), La memoire du crime contre l'humanité. *J. Assn. Méd. Israelites de France,* 47:8–12.

Pichon-Riviere, E. (1975), *El Proceso Grupal: Del Psicoanalisis a la Psicología Social (I).* Buenos Aires: Ediciones Nueva Visión.

Puget, J. (1991), The social context: Searching for a hypothesis. *Free Associations,* 21:21–33.

Sartre, J. P. (1960), *Critique de la Raison Dialectique.* Paris: Gallimard.

Steiner, G. (1999), Errata: *Récit d'une Pensée.* Paris: Gallimard.

Wilgowicz, P. (1999), Listen psychoanalytically to the Shoah half a century on. *Internat. J. Psycho-Anal.,* 80:429.

Winnicott, D. W. (1965), The relationship of a mother to her baby at the beginning. In: *The Family and Individual Development.* London: Tavistock.

Winnicott, D. W. (1988), *Babies and Their Mothers.* London: Free Association Books.

弗洛伊德的群体心理学、精神分析和文化

克劳迪奥·L. 伊兹瑞克❶（Claudio Laks Eizirik）

　　《群体心理学与自我分析》出版时，弗洛伊德 65 岁。第一次世界大战之后的最初几年里，他的职业生涯仿佛较之前有所改观，他对精神分析充满希望，产生了很多新的想法，同时也想在世界范围内传播精神分析理论。1919 年春天，他高效地完成了《超越快乐原则》（Freud，1920），之后弗洛伊德产生了一些有关群体心理学的初步想法。在进行了一系列记录并完成初期手稿后，此书最终在 1921 年 3 月得以完成，三四个月后就出版了。当他最终把这本书作为礼物赠送给罗曼·罗兰的时候，弗洛伊德用他特有的语调说他并不认为群体心理学是成功的，但是它开辟了一条道路，启发人们从个体心理学转换到对社会心理的理解。

　　弗洛伊德曾在《超越快乐原则》中提出颇受争议的死亡本能假设。《群体心理学与自我分析》就是在这篇论著之后写的，但是这个论著和《超越快乐原则》并没有直接相关性，它倡导的观点和《图腾与禁忌》（Freud，1913）、《论自恋》（Freud，1914），以及《哀悼与忧郁》（Freud，1917）的关系貌似更大一些。我们跟随弗洛伊德的建议，在其之前的文章中寻找后续观点得以发展的蛛丝马迹，我们为《性学三论》（Freud，1905）找到 6 篇参考文献，《图腾与禁忌》（Freud，1913）有 7 篇，《论自恋》有 3 篇，《哀悼与忧郁》也是 3 篇。

---

　　❶　克劳迪奥·L. 伊兹瑞克：巴西阿雷格里港精神分析学会的培训及督导分析师，南奥格兰德联邦大学精神医学系兼职教授以及精神医学系硕士与博士项目的主席。他是 FEPAL 的理事长、IPA 精神分析与社会委员会主席，以及 IPA 在拉丁美洲的副秘书长。

虽然前期的文献略有暗示，但弗洛伊德对群体心理的观点主要还是在《群体心理学与自我分析》中充分发展的。

《群体心理学》最开始以《*Massen psychologie und Ich-Analyse*》为题由国际精神分析出版社出版。从独特性角度出发，史崔齐倾向于将"mass"翻译为"群体"（group），他这么做也是因为弗洛伊德用"masse"来代替勒庞的"foule"（Le Bon，1895）和麦克杜格尔的"crowd"（McDougall，1920）。不过，这个翻译并不令人愉悦。比如说，"群体心理学"（Crowd Psychology）或许更符合弗洛伊德的观点。对于像我这样的读者来说，由于我们不懂原著的德语，所以我们不能通过德语理解弗洛伊德的观点，但是我们仍然有机会得到特瑞斯（Torres）翻译的西班牙语版，他的翻译版名为《*Psicología de las Masas*》。因此，只要我们一想到弗洛伊德所指的庞大数量的群体，被翻译为"group"，就感觉略有尴尬。

正如书名所说的那样，《群体心理学与自我分析》想达到合二为一的效果并且试图解释以个体心理发展变化为基础的群体心理。其他资料可以参考弗洛伊德对心理结构的探讨，比如相关文章《自我和本我》（Strachey，1952，；Jones，1962；Gay，1989；Grubrich-Simitis，1998；Kernberg，1998）。

自我和本我之间的关系，在本我这个概念还没在精神分析领域被提出的时候，就在著作中探索过。它是弗洛伊德对社会过程理解中最重要最有趣的概念之一，正因如此，我们在本书中重提这一点。

《群体心理学与自我分析》

为了强调弗洛伊德的主要观点（Freud，1921：71），我们应该牢记这一点："任何试图将这本小书的狭窄维度和群体心理学之大范围进行比较的人，会立刻发现，我们只是从大范围中选取几个点加以讨论。"同样的情况也适用于我个人的安排，我也是从弗洛伊德的这本小书中再次挑出几个对理解群体心理学特别重要的论点加以讨论。本书共12章，为了更加简洁明了，我对每一章的内容进行一个总结。

（1）绪论： 在这一部分弗洛伊德提出，个体心理学和群体心理学并没有太大的差别，因为"个体心理活动离不开他人的参与"（Freud，1921：69）。提到社会或群体心理学，我们经常单独把其列为一个研究"一群人同时对个体产生影响"的有趣课题（Freud，1921：70）。因此，群体心理认为"每个个体都是某群体的一员，如种族、民族、社会阶层、职业、研究所以及其他在某时间点因为某些特定目的而集合在一起的群体"（Freud，1921：70）。我们会自然地联想到出现在这种特定环境下的现象都是社会本能（social instinct）、群体本能、群体心理的表现。但是还有一种可能，社会本能其初形成于家庭。

（2）弗洛伊德继提出这样的观点：当个体成为群体一分子的时候，他就会发生变化。这一切是怎么发生的？为了解答这个疑问，弗洛伊德引用了勒庞的很多观点 （Le Bon，1895），勒庞曾提出：个体某些特别之处在形成群体的过程中会逐渐消失，而且其与众不同之处也被磨灭。勒庞提出个体成为群体一员后获得的三个特质：无所不能的力量感；情感和行为相互感染；导致类似催眠的集体狂热状态的暗示性。因此，群体是冲动的、善变的、易怒的、缺乏耐心的、全能的、轻信他人的；群体渴望被管理和制约，需要敬畏领导者，本质上是非常保守的。简言之，群体主要被无意识过程所引导，被很多原始人类心理所认同的群体心理所引导。群体崇拜言语之神秘力量，不渴望也不追求真相。群体的特别之处在于领导者享有权威，对人、任务和思想具有支配感 。

（3）有关集体心理的另一种解释是麦克杜格尔提出的（McDougall，1920）：组织性是帮助我们区分群众和结构性群体的重要因素。有五种情况可以提升群体心理层面：群体存在一定程度的延续性；个人情感和群体合为一体；和其他成员互动的需求（也可能是相互竞争）；传统、风俗、习惯的建立；表达于不同的功能组成的明确结构性。

（4）群体心理学对个体进入群体后心理变化的解释是什么？弗洛伊德再一次提到暗示的问题，对力比多问题进行了讨论，并且提出爱的关系构成了群体心理的精髓。为了证明这一点，他又提出两个论点：一是群体是以某种力量维持的，我们可以将这种力量称为爱神（Eros），它可以连结世界万物；二是个体通过受暗示性，放弃了其独特性，接受了群体其他成员的影响，因为他要和群体成员保持一致，而不是与之相反。

（5）本书最具有创造力的观点是对群体凝聚力本质的探索。弗洛伊德提出两个高度组织、历史悠久的人为群体：教会和军队，并且对其中领导者和成员的关系进行探索。教会和军队都是被同样的幻想维持的：领导者以同样的方式给群体成员同样的爱。对教会而言，皈依者相信"我们是上帝的子民，是手足"，因为在耶稣面前（基督耶稣就好像大哥和父亲之类的存在），每个人都是平等的，每个人都享有耶稣平等的爱。对军队而言，统帅是一个父亲一样的存在，他给所有士兵平等的爱，这让他们彼此成为志同道合的伙伴或战友。因此，所有个体都是通过力比多连结和领导者、和群体的其他成员联系在一起的。为了证明这个假设，弗洛伊德提到了群体失去群体领导者之后的恐慌爆发，比如朱迪思（Judith）为保护自己的家乡而砍下荷罗孚尼（Holofernes）的头颅（来自《旧约》）导致亚述军队失去首领，这使亚述军队得以维持的成员的相互连结被瓦解，亚述军队因此溃败逃走。弗洛伊德认为，考虑到宗教群体有瓦解消失的可能性，就可能对他人产生粗鲁、排外和敌意之感受。他（Freud，1921：99）说："如果不同的科学观点对群体同样具有意义，那么新的动机可以导致相同的结果。"

（6）弗洛伊德转而讨论群体的其他问题：人类关系的矛盾性，比如自恋主义彼此略有不同。但是当群体形成以后，不管是暂时的还是永久的，群体成员彼此的不宽容就消失了。弗洛伊德提出，对自我的爱只有一个障碍——对别人的爱、对客体的爱（Freud，1921：102）。他提出，对陷入爱恋状态的观察，有助于我们理解群体中的力比多联系。在重申性心理发展的主要阶段性事件后，弗洛伊德提出认同是个体和客体形成情感连结的最初形式。

（7）作为和客体情感连结的最初形式，通过退行的方式，认同最终成为力比多性客体连结的代替物，即把客体内摄到自我中；它也可以伴随着对他人普遍品质的新的理解而产生。群体成员是通过认同彼此连结的。弗洛伊德认为，普遍品质存在于和领导者连结的本质中。这个过程再进一步就是和失落客体的认同，把失落的客体内摄到自我，我们可以在抑郁症患者身上看到这一点。后面的内容就是对从自我中发展出来的内摄失落客体的心理机制的描述。这导致自我理想心理机制的产生，它执行道德良心、自我监督、梦的审查之功能，同时也在退行过程中发挥重要的影响。

（8）客体和自体的相互关系还有很多例子。在陷入爱恋状态中，自恋式力比多会溢到客体之上，客体逐渐消耗了主体的自我。正如弗洛伊德所说，理想化最终可以发展到这样的程度："客体所做的、所要求的一切都是正确的，无可指责的"；或者说，客体已经被放置于其自我理想的位置上（Freud，1921：113），因此，自我会逐渐衰弱，让自己委身于客体。这个过程不等于认同：自我因为内摄客体的特质而得以丰富。真正的问题是，客体是不是被放置于自我或者自我理想的位置上。

另一个需要考虑的情况是催眠，在这个过程中，我们可以看到与对性满足的排斥相似的情况。催眠作为由两个人组成的群体，有助于我们理解群体和领导者的关系（Freud，1921：116）："初级群体由这样一群个体组成，他们将其中同一个客体摆放在其自我理想的位置上，之后彼此之间相互认同。"

（9）弗洛伊德审慎地批评了特罗特（Trotter，1916）提出的"群聚本能"（herd instinct）。弗洛伊德认为，如果我们不了解领导者的重要性，我们就无从了解群体本质。他认为，群体成员的社会感基于一种转换过程，即最初的敌意通过认同转化为积极连结。因此，所有成员彼此相等、彼此认同，共同表达希望自己被管理和制约的欲望。弗洛伊德认为应该对特罗特提出的"人是群居动物"的想法进行修正。他认为，人类不是群居动物，而是由首领领导的部族动物。

（10）谁是部落的首领？对达尔文（Darwin，1871）提出的"一个强有力的雄性所统治的原始族群"的思考使弗洛伊德受到启发，并在《图腾与禁忌》中发表自己的观点（Freud，1913）。弗洛伊德提出，原始部落的父亲不允许儿子追求性欲望的满足，逼着他们和自己以及其他兄弟姐妹发展出情感连结。实际上，是父亲强制儿子组成群体，并最终发展出群体心理学。同样地，催眠师唤起被催眠者的早期感受："群体领导者仍然是令人畏惧的原始族群的父亲；群体依然希望被某种无限的力量所控制，它追求无尽的权力，原始父亲是群体的理想，处于自我理想的位置上支配自我。"

（11）群体成员放弃了自我理想，用领导者取而代之。在提出这个观点后，弗洛伊德对自我分化的程度进行了讨论。他以忧郁和躁狂为例，通过自我和自我理想的种种矛盾，对自我和自我理想之间冲突的可能性进行了探索

（他仍然用自我理想来代替超我）。

（12）还有很多内容需要考虑，弗洛伊德在附录中尝试对此进行说明。他曾经说过自己的著作"并不是很成功"，他曾经和罗曼·罗兰提到这一点。最重要的是，自我对客体的认同和用客体代替自我理想，这两个过程是有区别的。士兵将首领视为自己的理想，而认同了他的战友。在教会中，每个人都爱基督耶稣，把耶稣作为理想，而且认同了其他教友。但是，他同样需要认同基督耶稣，并且像耶稣爱自己一样彼此相爱。在不同角度对力比多理论进行讨论后，弗洛伊德对陷入爱恋状态、催眠、群体形成以及神经症进行对比。他（Freud，1921：143）提出：

两种状态，催眠以及群体形成，从种系发生的视角来说，都是人类力比多传承而来的。催眠只是一种倾向性，群体则是实在的力比多表达。在这两种状态中，直接的性冲动被目的受限的性冲动所取代，这个过程促进了自我和自我理想的区分，这种区分从陷入爱恋状态一开始就出现了。

后续的发展

《群体心理学与自我分析》推动了群体心理学、组织和群体动力系统的研究。克恩伯格（Kernberg，1998）曾经对这些研究以及它们在群体心理学、住院治疗和治疗社区、群体和组织动力系统、领导力、文化和社会等诸多领域的应用进行了系统回顾。其中一些贡献和当前文化与精神分析的相互影响密切相关。出于这些原因，我试着对其中一部分内容进行总结。

拜昂（Bion，1961）是克莱茵精神分析师流派的重要人物，他的主要研究对象为小型群体（7~12人），比如一个分析师和一个患者组成的二人群体。"作为整体的群体"通过形成特别的群体文化，对群体领导者表现出一定程度的移情，群体文化中也弥漫着所有群体成员的无意识的假设。对群体本质、群体领导者、群体任务、群体成员角色期待的假说有三种说法，这些构成了基本假设。我们可以在群体氛围中发现这三种基本假设。

依赖型基本假设导致所有群体成员都依赖于群体领导者充满智慧的言辞（常常是让人失望的），他们认为，所有的知识、健康、生活都寄希望于领导者，而且是由所有每个个体驱动的。

在战-逃型基本假设中，群体成员围绕着激烈暴力的理想聚集在一起，首先他们需要确认一个敌人，然后所有成员在一个恪守成规的群体里，在领导者的领导下，和这个敌人对抗或战斗。对治疗组而言，这个敌人或许是神经症或群体成员之一，或者群体之外的某个客体（外在的敌人）。

配对型基本假设弥漫着神秘主义的希望，其形式经常是两个成员的行为配对，或者是一个群体成员和领导者，就好像所有人都共享一个信念：一个伟大的新思想（或者个人）将会在配对的互动中产生（一个救世主式的信念）。

拜昂对比了群体的基本假设状态以及他所说的"工作群体"，在这类群体中，群体成员能够解决由群体拟定和接受的任务。在这种状态下，群体能够参与对内在和外在现实的检验。工作群体的状态合并了基本假设的某些积极方面。拜昂将基本假设比喻为原子的化合价，它可以让人们不可避免地聚集在一起并出现集体归属感。

拜昂认为基本假设的特点和社会机构的特点有关：比如，军队清晰地表现出战-逃型假设的特点。教会则被认为是依赖型假设的机构。配对型假设常可见于贵族阶级和上流社会，一个主要任务是生养后代的阶层（Hinshelwood，1989）。

埃利奥特·雅克（Elliott Jaques，1955）认为，个体可以通过社会机构支持自身的心理防御系统。雅克把这种借助集体的防御方式称为社会防御系统。他们常通过机构的例行工作得以体现。人类机构会形成无意识的亚文化，这种亚文化高度支配机构处理事务的方式以及个人完成任务的效率（Hinshelwood，1989）。

埃利奥特·雅克（Elliott Jaques，1955）认为，弗洛伊德关于客体取代自我理想的观点已经暗含了克莱茵的投射性认同的概念（Klein，1946）。

安齐厄（Anzieu，1971）提出，在无结构群体退行的情况下，个人和群体的关系会有融合的特点。他认为，个人的本能需要和群体幻想（原始的自我理想）相融合。安齐厄将之等同于无比令人满意的早期客体，即人生早期的母亲形象。

查舍古特·斯密盖尔（Chasseguet-Smirgel，1975）扩展了安齐厄的观点。他提出，在这样的情况下，任何群体，不管是大小，都倾向于选择"幻想制造者"（伪父性的）一般的领导者，而非表现出父亲般的具有严苛超我（以压抑和禁忌为特征）的领导者。这样的领导者为群体提供某种意识形态，一种统一的思想；在这种情况下，意识形态本质上是一种幻想，它可以确保群体成员想要和群体（原始的自我理想：全能的、无比让人满意的俄狄浦斯时期之前的母亲）融为一体的自恋式渴望。简而言之，群体（或大或小）成员之间的相互认同让他们感受到了一种原始性自恋式的满足（充满无所不能的感觉）。被意识形态（在某种心理情况下被选择）影响的暴力群体会表现出攻击行为，这反映了他们试图破坏外在现实（外在现实和群体幻想性的意识形态常常相互干扰）的渴望。查舍古特·斯密盖尔认为，被压抑的自我、本我以及原始（前俄狄浦斯）自我理想常常和群体幻想融为一体。

克恩伯格（Kernberg，1998）提出，我们可以通过对内在客体关系（先于客体恒常性以及本我、自我、超我的整合）的认知，进一步了解小群体、大群体以及暴民群体的显著退行性。由于群体的退化本质，群体过程对成员的个人身份感形成基本威胁，这种威胁和原始性攻击（群体情境下激活的性前期特征）有关。这些过程，尤其是原始性攻击的激活，对于群体中个体的生存以及群体任务的完成而言都是危险的。克恩伯格认为，为了盲目追随暴民群体中那个被理性化了的领导者（正如弗洛伊德所说），他们需要认同领导者并重新确立一种新身份。这个身份让个体免于群体内的攻击，因为所有成员的新身份都具有共同特点：共享对外在敌人的攻击性投射，且通过屈服于领导者而满足其依赖性需要。

克恩伯格认为，大群体具有更显著的倾向性，即把超我投射到群体这个整体，通过共有的意识形态去抵抗暴力并保护自我身份感。所有群体成员将超我功能投射和外化到领导者身上的需要，不仅表现了原始超我（primitive superego）的苛刻和理想化特点，同时还反映了成熟超我的现实和保护性的一面。

克恩伯格认为上文提到的退化是传统群体心理学的特点。它反映了潜在儿童期超我的意识形态，而且通过群体环境体现出来。作为代替，大型群体会发展为以偏执为主要特点的暴民系统，而且偏执型领导者的选择通过革命活动的群体心理特征反映出来。传统文化以及暴力革命活动（具有极权主义意识形态）或许是基本群体现象（理想化和迫害）所产生的群体心理结果。

从这个观点出发，重申弗洛伊德的文章，克恩伯格认为弗洛伊德的群体心理学只是对大型群体特点和暴民的形成过程进行了简单的总结。弗洛伊德对群体成员间力比多连结是为了对抗嫉妒性竞争的强调正好对应了对前俄狄浦斯期、尤其是口欲期（oral）嫉妒，以及俄狄浦斯期敌意的凝结与防御（它们标志着大群体过程中原始客体关系的激活）。

《群体心理学与自我分析》的影响不仅仅局限于精神分析领域，它对很多哲学家（尤其是法兰克福学派）和社会学家［比如德国的米切希利（Mitscherlich）、法国的莫斯科维奇（Moscovici）、美国的拉希（Lasch）］等均产生了深远的影响；此外，还包括伊莱亚斯·卡内蒂（Elias Canetti）， 20 世纪伟大的社会学家、作家（Kernberg, 1998）。

所有这些发展仅仅代表《群体心理学与自我分析》出版之后 80 年里所进行的大量工作的一小部分。它们也是弗洛伊德及其著作影响力经久不衰的有力证明。

接下来，我们探索另外一个领域：精神分析和文化的相互关系；这个领域颇有挑战性。我们很想知道弗洛伊德的观点能否帮助我们理解这个复杂的问题。

精神分析和文化的关系：朋友还是对手？

有关精神分析和文化复杂关系的问题在精神分析理论诞生之日起就出现了。精神分析诞生于 19 世纪末的维也纳，一个文化氛围相当浓郁的城市，那时，各个领域都迎来创新式的发展（Eizirik，1997）。维也纳文化精英同时关注地方主义和世界主义，关注传统和现在，这一点难能可贵，正因如此，维也纳的城市凝聚力较其他地域更强。那时候维也纳有很多咖啡屋，还有频繁的文化会面都成为知识分子们交流思想和价值观的固定场所，而且一直充满活力（Schorske，1980）。最近，雷纳托（Renato Mezan，1996）对布鲁诺（Bruno Bettelheim）和彼得·盖伊（Peter Gay）关于这个问题的相反意见进行了讨论。布鲁诺（Bruno，1991）认为，帝国瓦解和文化的兴盛总是奇妙地同时发生，在这种环境下，我们对矛盾、歇斯底里以及神经症的理解就是自然而然的结果，换句话说，精神分析只能诞生于维也纳，而不是其他地方。彼得却持有不同的意见，他认为精神分析学派可以产生于任何一个地方，雷纳托也赞同这一点（Renato Mezan，1996）。

不管我们赞同盖伊和雷纳托的观点，还是布鲁诺的观点，有一点我们必须承认，精神分析在其诞生后的几十年对西方文化产生了巨大的影响。"几乎所有的知识分子都谈论弗洛伊德及其追随者"（Sanville，1996：15）。精神分析的巨大影响是世界范围内的，只是不同地域可能略有不同，但是这个新学派带来的兴奋和吸引力在全世界都是一样的。彼得·库特（Peter Kutter，1992—1995）曾经很好地描述了精神分析诞生带来的整体变化，并且讨论了它和宗教的不同之处。

但是，最近，"重视个人发展和完善的人本主义文化，以及强调效率和适应性的社会文化趋势对自我探索和个人主体性的质疑，都使得人们对精神分析的兴趣不如从前，这一点在文化和知识分子阶层更为明显"（Kernberg，1996：39）。

尽管很多问题（患者的不足、其他领域的批评、对精神分析治疗作为有效治疗手段的挑战等）都导致对精神分析的种种质疑，我们将之统称为"精神分析危机"（Cesio et al.，1996）。"在大学里，精神分析思想仍然在不断发展，比如文学、艺术以及其他人文学科。"（Kernberge，1998：40）

我们可以在哈罗德·布卢姆（Harold Bloom，1994）的《西方正典》

（*The Western Canon*）中发现关于精神分析的矛盾态度。布卢姆在书中记述了 26 位作者及其主要著作，借此对西方文化传统进行探索，这 26 位作者中就包括弗洛伊德。布卢姆认为弗洛伊德的思想"可能是本世纪最值得称赞的思想"或"强大的、有逻辑的思想……这确实是我们这个时代的思想"。然而，他还认为弗洛伊德思想可能受到了文学以及自身焦虑的影响。从这个角度，莎士比亚才是真正的精神分析创立者，而弗洛伊德只是把这种思想系统地描述出来。布卢姆竟然写道："莎士比亚在弗洛伊德的著作里无处不在，相比他直接引用的部分，那些没有提到的部分其实更多见"，而且"弗洛伊德对于莎士比亚很焦虑，因为他已经从他身上习得了焦虑，就好像是他已经从中习得矛盾、自恋和自我分裂一样"。布卢姆的态度是挑衅的：他认为精神分析思想已经深刻渗透到西方文化，但是同时，至少是部分的，正是由于这种影响力，他反而想要削弱弗洛伊德思想的原创性。

近年来最为人熟知的，能够表现现代文化对精神分析矛盾态度的事件是 1996 年美国国会图书馆的弗洛伊德展据说因资金短缺而被延期举行。这个展览的延期，首先是由几个学者共同请愿要求的，他们认为原定的展览过于单一片面。但是很多展览的支持者认为，至少一些请愿者认为弗洛伊德思想和文化思潮没有一点关系。在此我们需要说明的是，不管出于什么原因，展览延期都暗示着精神分析和文化之间或多或少的紧张关系。最终，名为"西格蒙德·弗洛伊德：冲突与文化"的展览于 1998 年在华盛顿以及美国的其他很多城市、拉丁美洲以及欧洲举行，展览的周边产品就是组织者编纂的一本相当精彩而且观点颇为中立的书 （Roth，1998）。

在此前的著作中（Eizirik，1997），我曾提出精神分析主要面临来自文化的四大挑战：①当代西方文化的哲学和文化本质的变化将精神分析视为一个学科；②经验主义科学传统对精神分析的解释学方法提出的挑战；③对精神分析作为杰出学科的攻击；④从主观存在主义转向以现实为重的集体主义和实用主义的运动。

那么，我们关于群体心理学的知识背景如何帮助我们更好地理解这些挑战？

讨论

我们是否可以将精神分析运动视为人为的结构性群体,正如弗洛伊德提出的教会和军队?如果可以,我们就不难假设,"光荣孤立"之后的第一个时期的特点是对精神分析及其解释性、疗效、甚至其全能性的理想化,即"精神分析确实是我们时代所需要的思想"(Bloom,1994:375)。

尽管存在一些质疑和批判,目前流行的观点仍然对精神分析充满希望以及高度期待。弗洛伊德和其学派被视为成千上万的自我理想共同投注的客体,弗洛伊德就是该群体的统帅。精神分析这个军队曾经打过很多战役,并且逐一征服了很多城市、大学的精神医学系,更重要的是征服了成千上万人的思想。这些成果的取得一部分可以归因于精神分析治疗技术的有效性,还有一部分原因是他们觉得和弗洛伊德的思想过招本身就是一件趣事(Sanville,1996),此外,还有精神分析群体内产生的神秘期望,按照拜昂的观点(Bion,1961),这个充满神秘期望的时期刚好反映了依赖型基本假设的特点。

即便是在弗洛伊德去世后,他留给后人的思想仍然有充当自我理想的作用,他仍然被众多精神分析师放置于自我理想的位置。拥有 IPA 的三个国家的任何一个社团或学习小组(Kutter,1992—1995),都有 1~2 个主要领导者,他们就像弗洛伊德一样,成为自己所属社团的自我理想。在最初几年,精神分析运动的成员并没有表现出弗洛伊德提出的存在于教会或军队中的那种爱。为了战胜分歧,弗洛伊德和其后继者曾经提出两种颇为成功的机制:将冲突投射到外在敌意世界(即对抗"外因")以及对领导者和学科理想化的强化。时代不断发展,有些人最终被驱逐出学派,在战-逃型基本假设中,他们被认为是某种邪恶的理想或者坏的客体[比如,荣格(Jung)、阿德勒(Adler)和海曼(Heimann)]。

如果我们思考一下精神分析此后的发展及其现状,我们会看到什么?精神分析曾经受到多方面的攻击,承受了越来越多的批评。一个颇具争议的问题已经出现:当下精神分析和文化具有怎么样的相关性?[Person,

1997，《人际关系》（Personal Communication）]；这种"不安感"的结果，正如同失去首领的军队以及无法通过上帝之言获得心灵慰藉的教会，其结果是，精神分析领域的各个流派常常相互对抗，或者干脆投奔其他群体，尤其是投奔那些让人更加安心的群体，比如生物精神病学。一个急需探索的问题是，精神分析领域内无尽的争吵所耗费的大量精力究竟来自于何处？

我认为，这个让人困惑的问题的核心正是弗洛伊德通过《群体心理学与自我分析》传递的思想。他清楚地提到了幻想的问题。我们在最初的50～60年对这种幻想深信不疑：有关精神分析全能、全知、共享的爱的幻想。现在我们却责怪弗洛伊德给了我们这些幻想。责怪他的一个好方法就是像失去首领的军队、没有信仰的教会那样去行事，如同耶稣被背叛、否认或罢黜那样。在某种意义上，受到文化挑战带来的痛苦幻灭的影响，相似的事情（耶稣被背叛或否认）正发生在弗洛伊德及其理论上。幻灭的痛苦通过两种截然相反的方式呈现：一是很多精神分析师教条地认为弗洛伊德是唯一一个值得学习的思想者；二是一些分析师否认弗洛伊德思想的价值，用其他理论流派取而代之，而后者反而成为所有知识的理想来源。我们不难发现，两种立场的核心问题都是之前的幻想受挫所致的。

正如克恩伯格（Kernberg，1998）所说，我们都在一定程度上见证过群体（大型群体或小型群体）所表现出的退行现象，其道德品行受到原始超我投射的影响。克恩伯格（Kernberg，1998：43）提出："弗洛伊德对成员和领导者矛盾关系的描述——把领导者理想化和对领导者偏执性恐惧（对领导者的屈服和谄媚）的共存——反映了成员在理想化以及被害感之间的挣扎，这种感受常见于大型群体和暴民当中。"精神分析的领导者——弗洛伊德——对内在冲突给予保证，用雅克的话说（Jaques，1995）：构建一个可以保护所有社区成员的社会系统以对抗分裂、偏执、抑郁和焦虑。

为了保持精神分析作为一门学科或机构的生机和活力，弗洛伊德付出了巨大的努力。我们必须意识到，对弗洛伊德及其重要思想的矛盾态度是世界范围内精神分析领域普遍存在的现象。其中一个表现是，对IPA（弗洛伊德创建的用来保护和发展精神分析理论的机构）的矛盾态度。竞争、敌意、嫉妒、自恋、虚假的二元论（科学研究以及临床实践）、教条立场（导致为了获得官方认可的痛苦而漫长的过程）等都被认为是矛盾态度的表现。

同时，尽管危机依然存在，精神分析仍然保持着活力并逐年发展，其作品越来越多，精神分析大会仍然吸引了这么多跟随者，备受批判的 IPA 仍然是最为稳固和备受尊敬的国际性科学结构之一，难道你们不觉得这有点不可思议吗？

有一个前来观看弗洛伊德展览的游客（并非精神分析师）说道："弗洛伊德理论在多大程度上可以用于现如今的精神疾病治疗是需要讨论的问题……几乎没有精神或心理学领域的临床实践者会拒绝无意识（目前已经被功能性头颅磁共振呈现所证实）的存在以及患者对医生或治疗师的移情，还有治疗师对患者的反移情（Licinio，1998：2198）"，听到外行这么说，不是非常有意思吗？这些是不是和精神分析与文化的复杂关系有关？我认为有关系，而且有很大的关系。

我们应该认识到精神分析是现代的产物。正如弗朗索瓦·利奥塔（Francois Lyotard，1991：11）指出："现代社会的主要论调建立在真相、公平以及对历史和科学的元叙事（meta-narrative)上。目前的危机主要是这些论调之间的危机。"和现代相反，后现代的情况非常鼓励怀疑主义，它们充分考虑到世界的复杂性（发展进步和对旧有观念的吸纳翻新导致既往概念的弱化），挑战关于权力的简单概念（所有权力都是相关的，每个系统都有"微权力"），拥有保持独特性、不同于他人的权利以及提高社会参与度的需求（公民权利、女性权利、和平主义者权利、同性恋权利）（Ardi-ti，1988）。

如果我们考虑当下的复杂性以及所有理论都需要的接纳性，我们需要质疑弗洛伊德在《群体心理学与自我分析》中提出的观点或群体模式过于简单。即使我们考虑到弗洛伊德后继者做出的贡献，这些观点依然是碎片化的、不完全的，它们只是考虑到了心理方面而忽略了生物、社会、经济以及人类学因素。毕竟，我们时而会颇为沮丧地想到，弗洛伊德的描述或许是另外一种幻想，而且我一直认为弗洛伊德提出的主要思想就是关于幻想的观点。"所有一切都基于幻想；如果幻想坍塌了，教会和军队也注定会消亡。"（Freud，1921：94）

也就是说，我认为精神分析的幻想已经结束。当然，在咨询室里，在让我们获得疗效（通过人为构建移情神经症并且解决它）的咨访关系里，它仍然存在。但是作为一种理论、一门学科或者一个机构，精神分析目前确实需要更多理论和研究的证据，也急需和其他学科进行交流。

对当下的后现代心理学体系来说，幻想已经不那么受欢迎了，对过去权威的依赖也小了很多。对完整、统一的理论追求和把精神分析视为具有强大解释效力的元叙事手段的观点都是幻想的一部分。同样，期望一个培训系统在全世界范围内发展而忽视不同地域历史文化背景差异，这也是幻想。类似的情况还见于把精神分析视为唯一的治疗方式，而不仅仅是众多心理治疗方法中的一种。

复杂性、不完整性、怀疑论、与众不同的权利、逐渐增加的社会需求，从某种方式来说，它们难道不是作为一个培训系统、一种治疗手段、一个机构、一个具有不同理论的群体所必需的元素吗？

在新千年伊始，精神分析学派正式走入第二个世纪，我们面临着放弃幻想的挑战，我们要向外界证明，我们既往确实渴望幻想，但是现在我们是结构化的工作群体，我们的成员通过相同的目的而连结在一起，这个目的就是解除存在于我们自身以及文化中的和精神分析有关的主要幻想。

是的，亲爱的弗洛伊德先生，这场争斗还没有结束。

参 考 文 献

Anzieu, D. (1971), L'illusion groupal. *Nouv. Rev. Psychanal.*, 4:73–93.

Arditi, B. (1988), La posmodernidad como coreografia de la complejidad. XVIII Congreso Latinoamericano de Sociologia, Montevideo.

Bettelheim, B. (1991), *A Viena de Freud e Outros Ensaios*. Rio de Janeiro: Campus.

Bion, W. R. (1961), *Experiences in Groups*. New York: Basic Books.

Bloom, H. (1994), *The Western Canon*. New York: Harcourt Brace.

Cesio, F., Eizirik, C. L., Ayala, J., Sanville, J., Casas de Pereda, M. & Israel, P. (1996), *The Actual Crisis of Psycho-Analysis: Challenges and Perspectives*. Report of the House of Delegates Committee on the Crisis of Psychoanalysis. London: IPA.

Chasseguet-Smirgel, J. (1975), *L'Idéal du Moi*. Paris: Claude Tchou.

Darwin, C. (1871), *The Descent of Man*. Princeton, NJ: Princeton University Press, 1996.

Eizirik, C. L. (1997), Psychoanalysis and culture: Some contemporary challenges. *Internat. J. Psycho-Anal.*, 78:789–800.

Eizirik, C. L. (1998), Alguns limites da psicanálise: Flexibilidades possíveis. *Rev. Bras. Psicanál.*, 32:953–965.

Freud, S. (1905). *Three Essays on the Theory of Sexuality. Standard Edition*, 7:130–243. London: Hogarth Press, 1953.

Freud, S. (1913). *Totem and Taboo. Standard Edition*, 13:1–162. London: Hogarth Press, 1953.

Freud, S. (1914a), *On Narcissism: An Introduction. Standard Edition*, 14:69–102. London: Hogarth Press, 1957.

Freud, S. (1914b), *On the History of the Psychoanalytic Movement. Standard Edition*, 14:3–66. London: Hogarth Press, 1957.

Freud, S. (1917). *Mourning and Melancholia. Standard Edition*, 14: 243–258. London: Hogarth Press, 1957.

Freud, S. (1920), *Beyond the Pleasure Principle. Standard Edition*, 18: 3–64. London: Hogarth Press, 1955.

Freud, S. (1921), *Group Psychology and the Analysis of the Ego. Standard Edition*, 18:65–143. London: Hogarth Press, 1955.

Gay, P. (1989), *Freud: Uma Vida Para o Nosso Tempo*. São Paulo: Companhia das Letras.

Grubrich-Simitis, I. (1998), Nothing about the totem meal: On Freud's notes. In: *Freud: Conflict and Culture*, ed. M. Roth. New York: Knopf.

Hinshelwood, R. (1989), *A Dictionary of Kleinian Thought*. London: Free Association Books.

Jaques, E. (1955), Social system as a defense against persecutory and depressive anxiety. In: *New Directions in Psycho-Analysis*, ed. M. Klein, P. Heimann & R. Money-Kyrle. New York: Basic Books, pp. 478–498.

Jones, E. (1962), *Vida y Obra de Sigmund Freud*. Buenos Aires: Editorial Nova.

Kernberg, O. (1996), Letter of the House of Delegates. In: *The Actual Crisis of Psycho-Analysis: Challenges and Perspectives*, ed. F. Cesio, C. L. Eizirik, J. Ayala, J. Sanville, M. Casas de Pereda & P. Israel. Report of the House of Delegates Committee on the Crisis of Psychoanalysis. London: IPA, pp. 37–41.

Kernberg, O. (1998), *Ideology, Conflict and Leadership in Groups and Organizations*. New Haven, CT: Yale University Press.

Klein, M. (1946), Notes on some schizoid mechanisms. In: *Developments in Psychoanalysis*, ed. J. Rivière. London: Hogarth Press, 1952, pp. 292–320.

Kutter, P. (1992–1995), *Psychoanalysis International: A Guide to Psychoanalysis Throughout the World, Vols. 1–3*. Hillsdale, NJ: The

Analytic Press.

Le Bon, G. (1895), *La Psychologie des Foules*. Paris: Félix Alcan.

Licinio, J. (1998), Expressing Freudian influences. *Science,* 282:2197–2198.

Lyotard, J. F. (1991), Interview. *Zona Erogena.*

McDougall, W. (1920), *The Group Mind.* Cambridge, UK: Cambridge University Press.

Mezan, R. (1996), Viena e as Origens da Psicanálise. In: *A Formação Cultural de Freud,* ed. M. Perestrello. Rio de Janeiro: Imago.

Roth, M., ed. (1998), *Freud: Conflict and Culture* New York: Knopf.

Sanville, J. (1996), The crisis. Concept evidences and possible responses. In: *The Actual Crisis of Psycho-Analysis: Challenges and Perspectives,* ed. F. Cesio, C. L. Eizirik, J. Ayala, J. Sanville, M. Casas de Pereda & P. Israel. Report of the House of Delegates Committee on the Crisis of Psychoanalysis. London: IPA, pp. 12–19.

Schorske, C. (1980), *Fin-de-Siècle Vienna.* London: Weidenfeld & Nicolson.

Strachey, J. (1962), Editor's note. In: Freud, S. (1921), *Group Psychology and the Analysis of the Ego. Standard Edition,* 18:65–143. London: Hogarth Press, 1955.

Trotter, W. (1916), *Instincts of the Herd in Peace and War.* London: Unwin.

专业名词英中文对照表

adhesive identification	黏附性认同
affectionate Identification	情感性认同
alienation	疏离
archaic superego	早期超我
artificial group	人为群体
basic assumption group	基本假设群体
basic assumption mentality	基本假设心理
communal mentality	集体心理
contagion	感染性
crowd instinct（herd instinct）	群聚本能
ego ideal	自我理想
ego skin	皮肤自我
empathy	共情
gregariousness	群聚性
group psychology	群体心理学
hypnotic relation	催眠关系
identification	认同
inert identification	惰性认同
inert identity	惰性身份感
internal object	内在客体
introjection	内摄
libido	力比多
Narrative ego	叙事性自我
Oedipal conflict	俄底浦斯冲突
omnipotent identification	全能性认同
original narcissism	原始自恋
otherness	差异性
pairing group	配对群体
phantasy object	幻想客体
primal horde	原始族群

primary group	初级群体
primitive group	原始群体
projection	投射
projective identification	投射性认同
radioactivity	辐射性
radioactive identification	辐射性认同
reaction formation	反向形成
sexual instinct	性本能
social instinct	社交本能
social psychology	社会心理学
sophisticated group	复杂群体
suggestibility	受暗示性
suggestion	暗示
transference	移情
vampiric identification	吸血鬼式认同
work group	工作群体